茶叶生产与加工技术

主　编 张星海
副主编 陈　勋　黄海涛

浙江工商大学出版社
ZHEJIANG GONGSHANG UNIVERSITY PRESS
·杭州·

图书在版编目(CIP)数据

茶叶生产与加工技术 / 张星海主编. — 杭州：浙江工商大学出版社，2011.11(2020.1 重印)
(新型茶农培训系列丛书)
ISBN 978-7-81140-404-3

Ⅰ. ①茶… Ⅱ. ①张… Ⅲ. ①茶叶－栽培技术－技术培训－教材②制茶工艺－技术培训－教材 Ⅳ. ①S571.1②TS272.4

中国版本图书馆 CIP 数据核字(2011)第 206252 号

茶叶生产与加工技术

CHAYE SHENGCHAN YU JIAGONG JISHU

张星海 主编

责任编辑	任晓燕
封面设计	陈思思
责任印制	包建辉
出版发行	浙江工商大学出版社 (杭州市教工路 198 号 邮政编码 310012) (E-mail:zjgsupress@163.com) (网址:http://www.zjgsupress.com) 电话:0571-88904980,88831806(传真)
排　　版	杭州朝曦图文设计有限公司
印　　刷	虎彩印艺股份有限公司
开　　本	880mm×1230mm 1/32
印　　张	6.75
字　　数	175 千
版 印 次	2011 年 11 月第 1 版 2020 年 1 月第 3 次印刷
书　　号	ISBN 978-7-81140-404-3
定　　价	16.00 元

浙江工商大学出版社营销部邮购电话 0571-88904970

序

中国是茶叶的故乡，有绿茶、红茶等六大茶类，20多个产茶省、自治区、直辖市，8000多万茶农，堪称名副其实的产茶大国。浙江更是中国的产茶大省，素有“世界绿茶看中国，中国绿茶数浙江”的美誉。近年来随着浙江茶产业的全面发展，茶叶已成为浙江乃至全国举足轻重的优势农产品，成为助农增收的“民生产业”。当前，世界经济一体化和以“健康、绿色、生命”为主题的消费需求为茶产业发展提供了广阔的市场空间，更推动了茶叶这一千年产业向现代化方向不断发展。随着浙江统筹城乡发展、建设社会主义新农村的不断深入，以工促农、以城带乡的领域不断拓展、内容不断增多、力度不断加大、覆盖面不断扩大，不仅要求“量”的方面要继续积累，“质”的方面也要实现突破。为此，浙江省委、省政府提出了“整合茶资源、提升茶产业”的发展方针，着力把茶产业打造为全省十大农业主导产业。

本套丛书共有三册，分别为《茶叶生产与加工技术》、《茶店经营与网店营销》和《茶言茶语与做人做事》，是作者6年多来茶叶培训经验与最近几年茶业界关于茶叶加工、审评、销售及茶文化等相关学术研究成果的汇集。整套丛书由张星海副教授组织编写并负责统稿与修改，参加丛书编写人员有浙江经贸职业技术学院的张星海、龚恕，湖北省农业科学院果树茶叶研究所的陈勋，中华全国供销合作总社杭州茶叶研究院的宿迷菊，浙江农林大学茶文化学院的黄韩丹和杭州市农业科学研究院的黄海涛等。此外，浙江经贸职业技术学院的周晓红、许金伟、董良虎、陈满潮、万建峰等老师和浙江大学茶学系的杨贤强、王岳飞、屠幼英等教授对本丛书的编写给予了帮助。

本丛书篇章构思合理，知识介绍循序渐进。初稿作为讲义使用时学员反映良好，经重新修改、整理出版后希望能给学员一份惊喜。读者对象主要为从事茶叶生产、加工、营销、管理及爱好饮茶的人员。限于编者水平，错误、疏漏之处在所难免，衷心希望专家与广大茶叶爱好者予以匡正，以期再版时予以修正，对此谨致以最真诚的感谢。

茶作为中华民族的传统瑰宝，既是一种产业，也是一种文化，需要我们不断传承发展，并在新时期赋予其新的发展内涵和社会经济价值。同时我们也希望借本套丛书出版之际为进一步做大做好茶文章、推进新农村建设贡献自己的力量。

编　者

2011.9

目　录

第一章　茶叶生产加工概况

中国是茶的故乡，是世界上最早发现和利用茶叶的国家，也是茶树资源最为丰富的国家。中国的西南地区是茶的原产地，国内茶区之广、茶类之多、饮茶之盛、茶艺之精，堪称世界之最。茶，是中华民族的举国之饮。茶发乎神农（神农，也就是远古三皇之一的炎帝），相传在公元前2700多年前的神农时代，神农为了给人治病，经常到深山野岭去采集草药，他不仅要走很多路，还要亲口尝试采集的草药，体会、鉴别草药的功能。有一天，神农在采药中尝到了一种有毒的草，顿时感到口干舌麻、头晕目眩，他背靠一棵大树坐下，闭目休息。这时，一阵风吹来，树上落下几片绿油油的带着清香的叶子，神农拣了两片放在嘴里咀嚼，没想到一股清香油然而生，顿时感觉舌底生津、精神振奋，刚才的不适一扫而空。他感到奇怪，又拾起几片叶子细细观察，发现这种树叶的叶形、叶脉、叶缘均与一般的树木不同，便采集了一些带回去仔细研究。后来，这种叶子被命名为“茶”。神农是中国先民的代表，神农尝百草的传说体现了当时人们的集体智慧。随后，茶闻于鲁周公，兴于唐朝，盛在宋代，如今已成了风靡世界的三大无酒精饮料（茶叶、咖啡和可可）之一，并将成为21世纪的饮料大王。饮茶嗜好遍及全球，全世界已有50余个国家种茶，但寻根溯源，世界各国最初所饮的茶叶、引种的茶种，以及饮茶方法、栽培技术、加工工艺、茶事礼俗等，都是直接或间接由中国传播过去的。中国是茶的发祥地，被誉为“茶的祖国”。茶，乃是中华民族的骄傲。

第一节 茶叶分类

茶叶是指从茶树上采摘下来的鲜叶或嫩叶，经过加工制成可供人们饮用，具有色、香、味的形状各异的成品茶。在我国漫长的茶叶历史发展过程中，历代茶人创造了各种各样的茶类，长期的封建社会又出现了各种“贡茶”，加上我国茶区分布很广，茶树品种繁多，制茶工艺技术不断革新，于是便形成了丰富多彩的茶类。就茶叶品名而言，从古至今已有数百种之多，为世界上茶类最多的国家。如何从这些众多的茶叶类群中建立一个有条理的分类系统，以便识别茶叶品质和制法的差异性，对于不断改进制茶技术，提高茶品质，创造新茶类具有重要的意义。

目前茶叶分类尚未有统一的方法，安徽农业大学陈椽教授提出的以制法和品质为基础，根据茶多酚氧化程度的不同把初制茶叶分为绿茶、黄茶、黑茶、青茶、白茶、红茶等六大茶类。这种方法已被业界广泛应用。

此外，根据加工程度不同还可将茶叶分为初制茶、精制茶和再加工茶。

初制茶。鲜茶叶或嫩叶采摘后，经过各种加工技术处理，促使叶内的有效成分发生变化，形成具有不同的色、香、味、形的毛茶。

精制茶。毛茶经过筛分、拣剔、复火等技术处理后，分别加工成符合商品茶规格的各种花色和等级的成品茶。

再加工茶。部分精制茶再加工成特种产品，如压制的紧压茶和萃制的速溶茶，还有用毛茶加工成不同等级的茶坯，与各种鲜香花配合通过窨制技术处理加工成为花茶等。

在商业经营上，按照茶叶的制造方法不同，并结合茶叶的品质，将茶叶分为绿茶（包括白茶、黄茶）、红茶、乌龙茶、花茶、紧压茶和速溶茶。

绿茶。鲜茶叶经高温杀青、揉捻、干燥制成，按制法分为锅炒杀青绿茶（炒青绿茶、烘青绿茶）和蒸汽杀青绿茶。

白茶。茶叶经萎凋、干燥制成，按茶树品种及叶子老嫩可分为白毫银针、白牡丹、贡眉、寿眉。

黄茶。鲜茶叶经杀青后包闷和烘炒后再包闷，使芽叶变黄干燥制成，按制茶原料的老嫩分为黄芽茶、黄小茶和黄大茶。

红茶。鲜茶叶经萎凋、揉捻或揉切、发酵、干燥制成，按制法分为功夫红茶、小种红茶和红碎茶三种。

乌龙茶。鲜茶叶经晒青、做青、炒青、揉捻、干燥制成，按制法和成品茶品质特征分为水仙、奇种、铁观音、色种、乌龙。

花茶。花茶坯经花窨制而成，按所用花茶坯品种可分为绿茶花茶、乌龙花茶、红茶香茶。

紧压茶。毛茶经筛分整形、蒸压而成，如青砖、黑砖、茯砖、沱砖、花砖、紧茶、六堡茶等。（黑茶：黑茶属后发酵茶，制造工艺为杀青、揉捻、渥堆、干燥。其中渥堆是黑茶制造的特有工序，也是形成黑茶品质的关键工序。黑茶是很多紧压茶的原料，以边销为主，部分内销，少量外销。因此，习惯上又把黑茶制成的紧压茶称为边销茶。）

速溶茶。用毛茶或鲜茶直接制成，可溶于冷水或温水而无残渣，如速溶红茶、速溶绿茶、调味速溶茶等。

第二节　基本茶类

本书在综合茶叶分类各家学说的基础上，将中国茶叶主要分为基本茶类和再加工茶类两大类别，其中基本茶类包括绿茶、红茶、乌龙茶、白茶、黄茶、花茶和黑茶（见图 1－1）。我们主要介绍基本茶类，其中以绿茶为重。

- 中国茶类
  - 基本茶类
    - 绿茶
      - 蒸青绿茶
      - 晒青绿茶
      - 炒青绿茶
      - 烘青绿茶
    - 白茶
    - 黄茶
    - 乌龙茶（青茶）
    - 红茶
    - 黑茶
    - 花茶
  - 再加工茶类
    - 紧压茶
    - 萃取茶（速溶茶、罐装茶水等）
    - 果味茶
    - 保健茶（减肥茶、杜仲茶等）
    - 含茶饮料（茶可乐、茶汽水等）

图 1－1　中国茶叶分类

基本茶类一般都以茶鲜叶为原料，经过不同的工艺加工而成。如同一批鲜叶经过制红茶的加工程序，则具有红茶红汤、红叶的品质特征。若鲜叶经过制绿茶的加工程序，便成为与红茶完全不同的清汤、绿叶的绿茶品质特征。总之，茶叶基本品质特征是在茶叶加工过程中形成的，是加工工艺特点的一种反映。相对于其他品质因子而言，茶叶色泽类型较为单一，且较为直观，易于用文字描述。因此，习惯上根据茶或茶汤的色泽的不同，将基本茶类划分为绿茶、红茶、青茶（乌龙茶）、黄茶、白茶、黑茶等类型。当然，在色泽相同或相似的前提下，由于加工工序或一些工艺细节上的变化，茶叶的外形、香气和滋味也会有所不同，这就形成了同一茶叶类型中不同的子类。

一、绿茶

绿茶，又称不发酵茶。以适宜的茶树新梢为原料，经杀青、揉捻、干燥等典型工艺过程制成的茶叶。其干茶色泽和冲泡后的茶汤、叶底以绿色为主调，故得名。绿茶是我国产量最多的一类茶叶，目前，年产130万吨左右，全国21个产茶省(自治区、直辖市)都生产绿茶。绿茶也是我国最主要的出口茶类。

绿茶较多地保留了鲜叶内的天然物质。其中茶多酚、咖啡因可达85%以上，叶绿素可达50%左右，维生素损失也较少，从而形成了绿茶"清汤绿叶，滋味收敛性强"的特点。最新科学研究结果表明，绿茶中保留的天然物质成分，对防衰老、防癌抗癌、杀菌消炎等均有特殊效果，为其他茶类所不及。

中国绿茶名品最多，不但香高味长，品质优异，且造型独特，具有较高的艺术欣赏价值。世界绿茶总贸易量中，我国出口的占到80%左右。绿茶总的品质特征是清汤、绿叶。绿茶的加工工艺是鲜叶经过高温杀青，然后经过揉捻、干燥后制成。根据杀青方式、干燥方法的不同，又有"炒青"、"烘青"、"晒青"、"蒸青"茶名之别，且还可以进一步细分，例如，炒青茶中包含了"长炒青"、"扁炒青"、"圆炒青"等品种。"炒青"、"烘青"、"晒青"的主要区别在于干燥方法的不同，三类茶叶分别采用炒干、烘干和晒干工艺，而杀青工艺一样。蒸青茶则采用蒸汽杀青的方式。

绿茶所包含的各种子类介绍如下。

1. 炒青绿茶

由于在干燥过程中受到机械或手工操力的作用不同，成茶形成了长条形、圆珠形、扇平形、针形、螺形等不同的形状，故又分为长炒青、圆炒青、扁炒青，等等。长炒青精制后称眉茶，成品的花色有珍眉、贡熙、雨茶、针眉、秀眉等，各具不同的品质特征。

眉茶。眉茶鲜叶标准为一芽二三叶，其加工方法分初制和精制两个阶段。初制分为杀青、揉捻和干燥三道工序。杀青要求高温杀青，杀匀杀透；揉捻要求揉捻叶组织破碎程度为45%～55%；干燥工序又分二青、三青和辉锅。辉锅后茶叶含水量一般为6%左右，所制产品称炒青毛茶。品质特征为条索细紧挺直、平伏匀称，色泽绿润起霜，香气高鲜，滋味浓爽，汤色、叶底绿微黄明亮。

贡熙。长炒青精制过程中分离出来的圆形茶，形似珠茶，产量不大。

雨茶。原系从珠茶中分离出来的长形茶，由于适销对路，供不应求，现在长炒青精制过程中一般都提取雨茶。品质特征为外形条索细短、尚紧、头圆脚细，色乌绿，香气纯，滋味浓，汤色黄绿，叶底嫩匀。

秀眉。呈片状，身骨轻，是精制过程中分离出来的下脚料，品质较次，俗称三角片。

圆炒青又称平炒青，因起源于浙江省绍兴县平水镇而得名，精制成出口茶称珠茶或平绿。圆炒青颗粒细圆紧实，色泽绿润，香味醇和。精制后的珠茶更圆紧光滑似珍珠，乌绿起霜，香味也提高了，叶底有盘花芽叶。珠茶被誉为绿色的珍珠，主销西北非，美国、法国也有一定的市场。

细嫩炒青茶。按外形可分为扁形、卷曲形、针形、圆珠形、直条形等。

扁形茶有“西湖龙井”、“老竹大方”、“峨眉竹叶青”等。其中最为有名、产量最多的要数“西湖龙井”。“西湖龙井”外形扁平光滑挺削，以色绿、香郁、味醇、形美四绝著称。

卷曲形茶有“洞庭碧螺春”、“都匀毛尖”、“高桥银峰”、“桂东玲珑茶”、“日铸茶”、“华顶云雾”、“开山白毫”、“井冈翠绿”、“天花茶”、“峨眉毛峰”、“江华毛尖”、“普陀佛茶”、“湘波绿”等。其中苏州一带所产的“洞庭碧螺春”，无论是产量还是知名度，都可与杭州的西湖龙井茶相媲美。常言道：上有天堂，下有苏杭，苏州和杭州不仅风景名胜称奇，而且所产之佳茗亦令人叫绝。“碧螺春茶”条索纤细呈螺形卷曲，茸毛满披，银色隐翠，香清回味。产于贵州省的“都匀毛尖”，外形呈鱼钩状卷曲，纤芽上披满白色茸毛，有干茶绿中隐黄，汤色绿中透黄，叶底绿中显黄的三黄三绿特征。产于湖南省的“高桥银峰”呈波形卷曲，汤清、香嫩味鲜。“桂东玲珑茶”外形细紧呈环状奇曲玲珑，香郁、味醇甘凉。“日铸茶”与“井冈翠绿”细浑卷曲似鹰爪，银毫显露，香嫩味清醇。“华顶云雾茶”细紧弯曲显毫，香味浓爽。“开山白毫”芽头肥壮呈螺形卷曲，茸毛密布、香味浓醇回甘。

2. 烘青绿茶

烘青绿茶是用烘笼进行烘干的，烘青毛茶经再加工精制后大部分做熏制花茶的茶坯，香气一般不及炒青高，少数烘青名茶品质特优。根据外形可将烘青绿茶分为条形茶、尖形茶、片形茶等。条形茶，全国主要产茶区均有出产；尖形茶、片形茶主要产于安徽、浙江等省。特种烘青主要有黄山毛峰、太平猴魁、六安瓜片、敬亭绿雪、天山绿茶、顾渚紫笋、江山绿牡丹、峨眉毛峰、金水翠峰、峡州碧峰、南糯白毫等。其中，黄山毛峰产于安徽歙县黄山，外形细嫩稍卷曲，芽肥壮、匀整，有锋毫，形似“雀舌”，色泽金黄油润，俗称象牙色，香气清鲜高长，汤色杏黄、清澈明亮，滋味醇厚鲜爽，叶底芽叶成朵、厚实鲜艳。

烘青绿茶外形挺秀，条索完整显锋苗，色泽绿润，冲泡后汤色清绿、香味鲜醇。烘青绿茶根据原料老嫩和制作工艺不同又可分为“普通烘青”和“细嫩烘青”两类。

普通烘青茶直接饮用者不多，通常用来制作花茶。烘青茶吸香能力强，市场上常见的茉莉花茶，多数是以烘青茶做原料的。烘青茶在各产茶省均有生产，主要品类有福建的“闽烘青”、浙江的“浙烘青”、安徽的“徽烘青”、江苏的“苏烘青”、湖南的“湘烘青”、四川的“川烘青”等。

细嫩烘青茶是以细嫩芽叶为原料精工细作而成。大多数“细嫩烘青”条索紧细卷曲，白毫显露，色绿，香高，味鲜醇，芽叶完整。

这类“烘青”多为名茶。例如安徽的“黄山毛峰”、“太平猴魁”、“舒城兰花”、“敬亭绿雪”，福建的“莲心茶”、“天山烘绿”，浙江的“华顶云雾”、“天日青顶”、“雁荡毛峰”、“婺州东白茶”、“莫干黄芽”等。

3. 晒青绿茶

晒青绿茶是用日光进行晒干的，主要分布在湖南、湖北、广东、广西、四川、云南、贵州等省。晒青绿茶色泽墨绿或黑褐，汤色橙黄，有不同程度的日晒气味。其中以云南大叶种制成的品质较好。其特征是条索肥壮多毫，色泽深绿，香味较浓，收敛性强。

中小叶种晒青绿茶有“川青”、“黔青”、“桂青”、“粤青”、“鄂青”、“豫青”、“陕青”、“湘青”等，外形一般紧直带毫，香味平淡。

4. 蒸青绿茶

以蒸汽杀青是我国古代的杀青方法，采用蒸汽杀青制成的绿茶称“蒸青”，分为“中国蒸青”、“日本蒸青”、“印度蒸青”等，日本的蒸青茶产量最高。蒸汽杀青在唐朝时传至日本，相沿至今；而我国则自明代起即改为锅炒杀青。蒸青绿茶应具有三绿特征，即干茶深绿色，茶汤黄绿色，叶底青绿色。大部分蒸青绿茶外形做成针状，但香气较闷带青气，涩味也较重，不及锅炒杀青绿茶那样鲜爽。由于对外贸易的需要，我国从 20 世纪 80 年代中期以来，也生产少量蒸青绿茶，主要品种恩施玉露，产于湖北恩施；中国煎茶，产于浙江、福建和安徽三省。

日本蒸青分玉露茶、碾茶、煎茶等。玉露茶采用覆盖茶园的细嫩鲜叶制成，成茶针形。三绿特征是干茶墨绿、汤色碧绿、叶底青绿，有类似紫菜的香气，称“蒙香”，为日本高级蒸青绿茶的特色。碾茶也是用覆盖茶园的鲜叶制成，蒸汽杀青后不揉捻，将原叶烘干，干茶浓绿，饮时再将干茶碾碎冲泡。煎茶采露天茶园的鲜叶制成，外形针状，滋味中带青涩，属普通蒸青。“中国蒸青”有仙人掌茶、煎茶和玉露茶等。为诗仙李白赞叹的湖北仙人掌茶的品质较有特色，外形片状似仙人掌，翠绿色，茸毛披露，香味清鲜爽口。

二、红茶

红茶属于发酵茶类，是以茶树的一芽二三叶为原料，经过萎凋、揉捻(切)、发酵、干燥等典型工艺过程精制而成。因其干茶色泽和冲泡的茶汤以红色为主调，故名红茶。我国红茶种类较多，产地较广，有我国特有的功夫红茶和小种红茶，也有与印度、斯里兰卡等国红茶相类似的红碎茶。

红茶的基本工艺流程是萎凋、揉捻、发酵、干燥。红茶制法的特点是室温自然发酵，或进行热处理，其品质要求是红汤红叶。红茶初制是通过萎凋增强酶的活性，使茶多酚在揉捻、发酵两道工序中得到充分氧化，形成红茶特有的色、香、味。最后经过高温干燥，破坏酶的活性，使已形成的品质得到固定和发展。红茶依成茶外形和品质不同，分为小种红茶、功夫红茶、红碎茶等。

1. 小种红茶

小种红茶为我国福建省的特产，初制工艺包括萎凋、揉捻、发酵、过红锅(杀青)、复揉、熏焙六道工序。由于采用松柴明火加温萎凋和干燥，干茶带有浓烈的松烟香。

小种红茶以福建崇安县星村桐木关所产的品质最佳，称“正山小种”或“星村小种”。外形条索粗壮长直，身骨重实，色泽乌黑、油润有光，内质香高、具松烟香，汤色呈糖浆状的深金黄色，滋味醇厚、似桂圆汤味，叶底厚实光滑、呈古铜色。福安、政和等县仿制的称“人工小种”或“烟小种”，品质较之次。

2. 功夫红茶

功夫红茶以红条茶为原料精制加工而成。按产地的不同有“祁红”、“滇红”、“宁红”、“宜红”、“闽红”、“湖红”等不同的花色，品质各具特色。最为著名的当数安徽祁门所产的“祁红”和云南省所产的“滇红”。“祁红”色泽乌黑光润，有独特的蜜糖似的香气，被称为“祁门香”而享誉国际市场。“滇红”为大叶种功夫红茶，条索肥硕重实，满披金黄色芽毫，有花果香味，香高味浓。四川省所产的“川红”为中叶种功夫红茶，条索不及大叶种肥硕，但比一般中、小叶种显得壮实，多金毫，有鲜嫩带橘子似的香味。湖北省所产的“宜红”，其茶汤常出现冷后浑似乳凝现象，这是茶汤有效成分丰富、品质优良的一个标志。江西省所产的“宁红”，香味甜醇，茶汤似玫瑰色，叶底带花青。福建的“闽红”分“政和功夫”、“白琳功夫”和“坦洋功夫”三种。

3. 红碎茶

红碎茶初制工艺的特点是在条红茶加工工序中，以揉切代替揉捻，或揉捻后再揉切。揉切的目的是充分破坏叶组织，使干茶中的内含成分更易泡出，形成红碎茶滋味浓、强、鲜的品质风格。红碎毛茶经过精制后，成为供出口的红碎茶，包括叶茶、碎茶、片茶、末茶四个花色。叶茶是短条形红茶，常有金黄毫；碎茶是颗粒形红茶，是红碎茶的主体产品；片茶是小片形红茶，滋味浓度不如碎茶；末茶是细末状红茶，冲泡后茶汁易浸出，滋味浓、强度较大。红碎茶可直接冲泡，也可包成袋泡茶后连袋冲泡，然后加糖加乳，饮用十分方便。由于红碎茶的饮用方式较为特别，与其他茶类一般采用的清饮有很大的不同，因此品质强调滋味的浓度、强度和鲜爽度，汤色要求红艳明亮，以免泡饮时茶的风味被糖、奶等兑制成分所掩盖。

三、青茶

青茶又名乌龙茶，是介于绿茶（不发酵茶）和红茶（全发酵茶）之间的半发酵茶，既有绿茶的甜爽，又有红茶的色香；既无绿茶的苦味，又无红茶的涩味。青茶制法最为精巧，品质别具一格。茶鲜叶经过萎凋、做青、炒青、揉捻、干燥五道工序。品质特点是干茶色泽青褐，汤色黄红，有天然花香，滋味浓醇，叶底有不同于其他茶类的“绿叶红镶边，三红七绿”的明显特征。

乌龙茶因茶树品种的特异性而形成了各自独特的风味，产地不同，品质差异也十分显著。所以乌龙茶的品类主要根据产地划分，其包含的子类如下。

闽北乌龙茶包括武夷岩茶、水仙、大红袍、肉桂等。

闽南乌龙茶包括铁观音、奇兰、水仙、黄金桂等。

广东乌龙茶包括凤凰单枞、凤凰水仙、岭头单枞等。

台湾乌龙茶包括冻顶乌龙、包种等。

1. 闽北乌龙茶

其产地在福建省北部武夷山一带。品质特征为：外形条索紧结沉重，叶端扭曲，色泽油润、间带砂绿蜜黄（鳝皮色），内质香气浓郁、具有兰花清香，汤色清澈显橙红色，滋味醇厚鲜爽回甘，叶底肥软黄亮、红边明显。主要分“武夷岩茶”、“闽北水仙”、“闽北乌龙”等品类。以“武夷岩茶”最为出名，岩茶的花色品种很多，多以茶树品种名称命名，主要品种有“水仙”、“乌龙”及其他奇种、名枞，因而岩茶可分“岩水仙”与“岩奇种”两大类，奇种又分名枞奇种和单枞奇种。其中草药天心岩九龙窠的“大红袍”，慧苑坑（岩）的“铁罗汉”、“白鸡冠”，岚谷岩的“水金龟”合称四大名枞。除此之外，还有“十里香”、“金锁匙”、“不知春”、“吊金钟”、“瓜子金”、“金柳条”等名枞。所谓单枞，是以优良品种名称单独命名的岩茶，如“奇兰”、“乌龙”、“铁观音”、“梅占”、“肉桂”、“雪梨”、“桃仁”等。为与岩茶相区别，闽北乌龙因产地品种不同，而有“建瓯乌龙茶”、“建阳水仙”之分。

2. 闽南乌龙茶

闽南乌龙茶以安溪一带生产的“铁观音”最为著名。“铁观音”既是茶名，又是茶树品种名，因身骨沉重如铁，形美似观音而得名，是闽南乌龙茶中的极佳品。品质特征是外形条索圆结匀净，多呈螺旋形，身骨重实；色泽砂绿翠润，青腹绿蒂，俗称“香蕉色”；内质香气清高馥郁，具天然的兰花香；汤色清澈金黄；滋味醇厚甜鲜，入口微苦，立即转甘；耐冲泡，七泡尚有余香；叶底肥厚软亮，青翠红边显露。除了“铁观音”外，安溪尚有其他一些制乌龙茶的优良品种，如“水仙”、“奇兰”、“梅占”、“毛蟹”、“黄金桂”等。这些茶叶，既可依茶树品种单独命名，亦可将上述品种茶相拼配后以安溪色种统称之。

3. 广东青茶

广东青茶盛产于汕头地区的潮安、饶平等县。花色品种主要有“水仙”、“浪菜”、“单枞”、“乌龙”、“色种”等。潮安青茶因主要产区为凤凰乡，一般以水仙品种结合地名而称为“凤凰水仙”，尤其是“凤凰单枞”，是从“凤凰水仙”的茶树品种植株中选育出来的优异单株；“浪菜”采摘的多为白叶水仙种，叶色浅绿或呈黄绿色；水仙茶采摘的多为乌叶水仙种。“凤凰单枞”采制特别精细，“浪菜”、“水仙”较为粗放。

4. 台湾乌龙茶

台湾乌龙茶的品种和加工技术最早都是从大陆传播过去的。发展至今，根据萎凋做青程度不同分成“台湾乌龙”和“台湾包种”两类。“乌龙”做青较重，最出名的“台湾乌龙”是产于南投县的“冻顶乌龙”，汤色金黄明亮，滋味浓厚，有熟果味香。“台湾乌龙”中，发酵程度最重的叫“红乌龙”，品质风格与红茶类似。“包种”做青程度较轻，主产于台北县文山等地，叶色较绿，汤色黄亮，滋味鲜醇。

四、白茶

白茶属轻微发酵茶，基本工序是萎凋、晒干或烘干。白茶制法的特点是既不破坏酶的活性，又不促进氧化作用，顺其自然变化。白茶常选用芽叶上白茸毛多的品种，如福鼎大白茶，芽壮多毫，制成的成品茶满披白毫，十分素雅，汤色清淡，味鲜醇。白茶主产于福建省的福鼎、政和、松溪和建阳等县，台湾省也有少量生产。白茶因采摘原料不同，分为芽茶与叶茶两类。用大白茶的肥壮芽头制成的白茶属芽茶，典型的芽茶是“白毫银针”，以外形色白如银、挺直如针而得名。“白毫银针”香气清新，汤色淡黄，滋味甜爽，是白茶中的极品，十分名贵。采用一芽二三叶或单片叶制成的白茶属叶茶，包括白牡丹、贡眉和寿眉等品目。采摘一芽二叶为原料，摊叶萎凋后直接烘干而成的称为“白牡丹”，其成茶芽头挺直，叶缘垂卷，叶背披满白毫，叶面银绿色，芽叶连枝，形似牡丹而得名。贡眉是采摘一芽二三叶为原料，经萎凋、烘干制成的。寿眉不带茶芽，摘下叶片经萎凋后烘干，每张叶片的叶缘微卷曲，叶背披满白毫，因酷似老寿星的眉毛而得名。

五、黄茶

黄茶的品质特点是“黄汤黄叶”。黄茶制法基本上与绿茶相似，不同的是多了个闷堆工序，这个闷黄过程是黄茶制法的主要特点。根据闷黄的时期分为湿坯闷黄和干坯闷黄两类。湿坯闷黄又分为揉前闷黄和揉后闷黄。干坯闷黄则分为足火前闷黄和足火后闷黄。依照茶原料芽叶的嫩度和大小可分为黄芽茶、黄小茶和黄大茶三类。黄芽茶的原料细嫩，采摘单芽或一芽一叶加工而成，如湖南洞庭湖的“君山银针”、四川名山的“蒙山黄芽”等。黄小茶是采摘细嫩芽叶加工而成，如湖南岳阳的“北港毛尖”、湖北的“远安鹿苑”和浙江的“平阳黄汤”等。黄大茶是采摘一芽二三叶甚至一芽四五叶原料制作而成，如安徽的“霍山黄大茶”和广东的“广东大叶青”等。

六、黑茶

黑茶的基本工序是杀青、揉捻、渥堆、干燥。黑茶原料粗老，加工过程中堆积发酵时间较长，因而叶色油黑或黑褐，故称黑茶。黑茶以边销为主，供边区少数民族饮用，习惯上又叫边茶。黑毛茶是压制各种紧压茶的主要原料，各种黑茶的紧压茶是藏、蒙古、维吾尔等少数民族日常生活的必需品，有“宁可一日无食，不可一日无茶”之说。普洱茶和六堡茶是特种黑茶，品质独特，香味以陈为贵，在港澳地区及东南亚和日本等国家有广泛的市场。

七、花茶

用茶叶和香花进行拼和窨制，使茶叶吸收花香而制成的香茶，亦称熏花茶。窨制花茶的茶坯主要是绿茶中的烘青。浓郁芬芳的鲜花和烘青绿茶窨制而成的花茶，既具有纯正的茶味，又具备鲜花之馥郁香气。也有少量的炒青和部分细嫩绿茶作窨制花茶的茶坯的。花茶因窨制的鲜花种类不同分为茉莉花茶、玉兰花茶、玳玳花茶、珠兰花茶、桂花茶等。各种花茶，独具特色，但总的品质均要求香气鲜灵浓郁，滋味浓醇鲜爽，汤色明亮。花茶的主要产区有福建、江苏、浙江、四川、重庆、湖南、广东、广西、台湾等地。内销以山东、北京、天津、成都的销量居前。我国花茶中产量最多的茉莉花茶，其窨制工序是：窨花拼和、通花、起花、复火、提花、匀堆装箱。

第三节　再加工茶类

一、紧压茶

各种散茶经再加工蒸压成一定形状而制成的茶叶称紧压茶或压制茶。根据采用原料茶类不同，分为绿茶紧压茶、红条紧压茶、乌龙茶紧压茶和黑茶紧压茶。

绿茶紧压茶主要有沱茶、普洱方茶、竹筒茶、广西粑粑茶、四川毛尖、小饼茶、香茶饼等。沱茶是由过去的蒸压团茶演变而来，呈厚壁碗形主要有产于云南下关的“云南沱茶”，产于重庆市的“重庆沱茶”。沱茶滋味浓醇，有较显著的降血脂功效。普洱方茶产于云南西双版纳等地，以滇青为原料，蒸后在模中压成10厘米×10厘米×2.2厘米的方块形，每块重250克，外形平整，香味浓厚甘醇。竹筒茶产于云南滕冲、勐海等地，是一种直径为3～8厘米、高 8～20 厘米的圆柱形茶，冲泡后既有茶香，又有竹子清香，清凉解渴。

红茶紧压茶是以红茶为原料压成砖形或团形的压制茶。砖形的有米砖茶、小京砖等，团茶有风眼香茶。米砖每块重 1.125 千克，为 23.7 厘米×18.7 厘米×2.4 厘米的砖块形，主要以红茶片末茶为原料，蒸后在模中压制而成，有商标花纹图案，米砖主产于湖北省赵李桥，主销新疆、内蒙古等地。

乌龙茶紧压茶是按照乌龙茶的加工工艺并压制成的紧压茶，福建漳平县生产的“水仙饼茶”就属此类。采摘水仙种茶树的鲜叶，经晒青、晾青、摇青、杀青和揉捻后，将揉捻叶压模造型，再用白纸包好进行烘焙至干。水仙饼茶一般边长 6 厘米，厚 1 厘米，呈方形，每块重 20 克。水仙饼茶外形光整，色泽乌褐油润，香味醇厚，汤色深褐似茶油；主销闽西各地及广东、厦门一带。

黑茶紧压茶是以各种黑茶的毛茶为原料，经蒸压制成各种形状的紧压茶。主要有湖南的湘尖、黑砖、花砖、茯砖，湖北的老青砖，四川的康砖、金尖、方包茶，云南的紧茶、圆茶、饼茶，以及广西的六堡茶等。

二、其他再加工茶

萃取茶以成品茶或半成品茶为原料，用热水萃取茶叶中的可溶物，过滤去茶渣取得的茶汁，有的经浓缩、干燥，制备成固态或液态茶，统称为萃取茶。主要有罐装饮料茶、浓缩茶和速溶茶。罐装饮料茶是用成品茶加一定量热水提取过滤出茶汤，再加一定量的抗氧化剂（维生素 C 等），不加糖、香料，然后经装罐、封口、灭菌而成，其浓度约 2%，开罐即可饮用。浓缩茶是用成品茶加一定量热水提取过滤出茶汤，再进行减压浓缩或反渗透膜浓缩，达到一定浓度后装罐灭菌而制成。直接饮用时只需加水稀释，也可作罐装饮料茶的原汁。速溶茶（又称可溶茶）是用成品茶加一定量热水提取过滤出茶汤，浓缩后加入环糊精，并充入二氧化碳气体，进行喷雾干燥或冷冻干燥后即成粉末状或颗粒状的速溶茶。加热水或冷水冲饮十分方便。

果味茶是半成品或成品茶加入果汁后制成的各种果味茶，既有茶味，又有果香味，风味独特。我国主要生产的这类茶有荔枝红茶、柠檬红茶、猕猴桃茶、橘汁茶、椰汁茶、山楂茶等。

保健茶是将茶叶和某些中草药或食品拼和调配后制成的，使本来具备营养保健作用的茶叶，更增强了它的某些防病治病功效。保健茶种类繁多，功效各异。如有壮阳功效的“杜仲茶”，有助老人保健的“益寿茶”、“八仙茶”、“抗衰茶”，有增进思维的“益智茶”，有抗癌防克山病的“富硒茶”，有防治糖尿病的“薄玉茶”，清热润喉的“清音茶”、“嗓音宝”，保护心血管的“心脑健”，降血压的“降压茶”、“康寿茶”、“菊花茶”、“甜菊茶”，减肥降血脂的“保健减肥茶”、“美的青春茶”、“乌龙减肥茶”，清脑益寿的“天麻茶”，补肝明目的“枸杞茶”，还有“福寿茶”、“益元茶”和“芳香杜仲茶”，等等。

含茶饮料更注重营养和保健功效，近年来出现于市场的含茶饮料（在饮料中添加各种茶汁）有“茶可乐”、“茶露”，各种“茶叶汽水”、“多味茶”、“绿茶冰淇淋”、“茶叶冰棒”，各种“茶酒”、“牛奶红茶”。

第四节　浙江的茶叶生产

浙江省位于东经 118°00′～123°00′、北纬 27°12′～31°31′，地处我国东南沿海，位于太湖之南、东海之滨，大陆海岸线长 1840 公里。境内有一条最大的河流——钱塘江，因江河曲折，故称浙江。浙江东临东海，南接福建，西与江西、安徽接壤，北与上海、江苏为邻，总面积 10.18 万平方公里，约占全国总面积的 1.06%，是面积较小的一个省份。其中：山地和丘陵占 70.4%，平原和盆地占23.2%，河流和湖泊占6.4%，“七山一水二分田”是浙江省陆域地貌的基本特征。现有耕地2384万亩，其中水田1932万亩，旱地452万亩，人均占有耕地仅0.52亩，不到全国人均耕地1.2亩的一半。

全省行政区划为11个地级市，省会在杭州。下设32个市辖区、22个县级市、36个县、754个建制镇、462个乡和199个街道。全省总人口4629万，约455人/平方公里，是我国人口比较稠密的省份。全省有汉族以外的少数民族49个，人口约40万，其中畲族约17万、回族约2万，主要分布在浙江西南部地区。全省年平均气温15～18℃，年平均降水量1000～2000毫米，1月和7月分别为全年气温最低和最高的月份，5月和6月为集中降雨期。水资源总量达937亿立方米，按单位面积计算的水资源量居全国第4位。全省已知植物3800多种，森林覆盖率60%，被称为中国的“东南植物宝库”。浙江省气候属典型的亚热带季风气候，温暖湿润，四季分明。浙江是茶树最适宜生产区之一，在四大产茶区（华南茶区、西南茶区、江南茶区和江北茶区）中属于江南茶区。

浙江茶叶生产历史悠久，是传统的优势产业，中国有文字记载的名茶达676只，而浙江就有177只，居全国之冠。以生产绿茶为主，主要集中在浙西北、浙东、浙南三个茶区。现有72个产茶县（市、区），茶农110万户，茶园面积260多万亩，茶叶初制厂8800多家，精制加工厂400多家。目前，全省有各级茶叶市场179个，浙江省的茶叶市场分布在32个县（市、区），其中县级以上市场有18个；新昌、松阳、淳安、开化、嵊州、杭州等重点茶叶交易市场总面积达12万平方米，共有摊位7100多个，经营企业1100余家。交易额超亿元的市场有7个，年交易额42亿元。全省已有茶叶专业合作社300余家。

据农业部门预计，截至2010年底全省茶园面积270万亩，同比增加6万余亩，增幅为2.4%；茶叶产量16.6万吨，与上年基本持平；茶叶产值86亿元，同比增加10.7亿元，增幅为14.2%，再创历史新高。其中，名优茶产量6.5万吨，同比减少0.1万吨；名优茶产值78亿元，同比增加10亿元，增幅为14.7%。作为中国茶叶出口大省，浙江茶叶内外销比例各占一半左右，珠茶、眉茶、蒸青茶、名优茶等在国际贸易中有较高的市场占有率，出口量占全国绿茶出口总量70%左右，占全球绿茶贸易量60%。

一、浙江产茶地区

1. 浙西产区

浙西产区主要分布在开化、淳安、桐庐、临安、建德、余杭、西湖、安吉8个县（市、区），这些地区利用生态环境优越的优势，重点发展名优茶、有机茶和出口眉茶。

开化，地处浙、皖、赣三省七县交界处，钱塘江源头，中国绿茶"金三角"地区，周围为我国传统的绿茶产区，东北邻遂绿茶区，北靠屯绿茶区，西接婺绿茶区。2000年被国家命名为"中国龙顶名茶之乡"。全县地域面积2236平方公里，辖10个镇、16个乡，人口34万，全县森林覆盖率达80%，是全国林业先进单位。开化盛产的茶叶、香菇、木耳、板栗、药材等农产品全国闻名，"开化龙顶"是浙江省十大名茶和浙江省十大特色农产品品牌，先后48次获得省部级以上金奖。开化县是首批国家级的"无公害茶叶生产示范基地先进县"，全县10万亩高山茶园中，有机茶、无公害茶园面积达到7万亩，有3万多人从事名茶生产、加工和销售。2003年开化县政府扩建了"开化龙顶名茶市场"，2004年5月开化龙顶名茶获"浙江省十大名茶"称号，龙顶名茶产值占全县农业总产值的20%。2007年茶叶产量1万多吨，产值4.02亿元，占农业总产值的1/5左右。2008年4月28日，在北京人民大会堂举行了中国"绿茶金三角"授牌仪式，浙江省开化县为中国"绿茶金三角"核心产区。2009年6月，开化龙顶名茶获第二届"浙江省十大名茶"称号。

淳安，是中国十大茶种"鸠坑种"的原产地，现有茶园14.5万亩，占杭州市茶园面积的1/3，其中无性系早生良种茶园5.97万亩，近4.7万亩初步投产。2004年实现茶叶产值2.69亿元，占农业总产值的15.8%，茶产业已经成为淳安农村经济的支柱产业。每到春茶开园时节，全县30个乡镇、899个行政村，几乎处处可闻名茶的清香，村村可见采茶农民的身影。“千岛玉叶”名茶先后被评为中国国际农博会金奖、浙江省著名商标、浙江省十大旅游名茶。“淳安千岛湖名茶产业化提升工程”项目已正式列入“2007年省科技富民强县专项计划”，扶持资金100万元。2007年茶叶总产量达3445吨，产值3.65亿元。淳安县位于浙江省西部，是著名国家级风景区千岛湖所在地，北接临安，东邻桐庐、建德，南连常山、衢州，西南与开化接壤，西与安徽休宁、歙县毗连。面积4427平方公里，占全省总面积的4.35%，是浙江省面积最大的县，全县人口45万，其中7.8万户以茶为业。2008年春4.7万亩投产的良种茶园共生产名茶691吨，产值达1.2亿元。2009年6月，“千岛玉叶”名茶获第二届“浙江省十大名茶”称号。

桐庐，地处钱塘江中游，属杭州市管辖，距省会杭州市80公里。县域面积1825平方公里，辖10个乡镇及4个街道，常住人口为40.65万人。属亚热带季风气候，四季分明，日照充足，雨量充沛，年平均温度16.5℃。素有“八山一水一分田”之称，不仅“奇山异水，天下独绝”，而且农业、水产资源也很丰富。桐庐县共有茶园面积5.7万亩，2005年茶叶产量3800吨，产值近2亿元，占全县农业总产值的12.1%，全县已有茶农2万多户。“剪一片云绿，煮一壶雪水”，桐庐的“雪水云绿”早已在茶叶界名闻遐迩。“雪水云绿”首创全省针形类名茶，全省唯一连续获得中国农业博览会金奖的名茶。2006年春茶总产量达786吨，总产值9440万元。2007年，全县名茶“雪水云绿”产量达345吨，产值1.02亿元。

临安，地处浙西北，东邻杭州，西接黄山，南连富阳、桐庐和淳安，北靠安吉，是距离上海、杭州等大都市最近的山区市。总面积

3126.8平方公里，辖4个街道、22个乡镇、298个行政村，人口52万，市区人口15万。临安市在全国茶叶优势区域发展规划中被列入浙江省19个主产县(市)之一。现有茶园面积9.6万亩(其中采摘面积6.78万亩)，2005年全市茶叶总产量2079.8吨，总产值10270万元。其中名茶“天目青顶”产量279吨，产值4613万元，其他茶类1800.8吨，产值5657万元。2006年全市茶叶产值为1.09亿元。“十一五”期间，临安市建成生态高效茶叶基地6万亩、标准化茶厂50家，生产天目系列名茶1000吨，使茶叶年总产值超过2亿元，“天目青顶”成为浙江名牌产品。

建德，山川毓秀，境贯“两江一湖”(富春江、新安江、千岛湖)，旅游资源丰富，是国家首批公布的重点风景名胜区之一。建德市地处浙江省西部，钱塘江上游，杭州—黄山黄金旅游线的中段，东与浦江县接壤，南与兰溪市和龙游县毗邻，西南与衢州市衢江区相交，西北与淳安县为邻，东北与桐庐县交界，总面积2321平方公里，占全省面积的2.28%。人口51万，非农业人口12.5万，农业人口38.5万，下辖3个街道、13个乡镇。“舟过新安江，鼻间皆茶香”的建德市，现有茶园面积6.5万亩，4.2万亩为无公害茶园，其中有机茶园面积达1.2万亩，居杭州之最。2005年全市茶叶总产量2567吨，总产值1.2亿元，其中名优茶产值占88.76%。2004年至今，建德市共有8家茶叶生产企业从事有机茶生产，通过认证的有机茶基地面积达10820亩，成为浙江省最大的有机茶基地市。“千岛银珍”为全市茶业主导品牌，在2006年北京马连道第六届茶叶节暨浙江绿茶博览会上荣获金奖。2006年建德市茶叶产值达1.4亿元。

余杭，地处浙江省北部，位于杭嘉湖平原和京杭大运河的南端，是长江三角洲的圆心地，是“中华文明曙光”——良渚文化的发祥地，素称“鱼米之乡，丝绸之府，花果之地，文化之邦”。全区总面积1220平方公里，辖14个镇、1个乡、4个街道，总人口82.69万。列全国县域经济综合发展百强县(市、区)第15位。余杭是“茶圣著经之地、日本茶道之源”。余杭区已有茶园面积5.8万亩，其中径山茶基地面积3.05万亩。1998年以来，已连续六年保持茶叶产量、收入的持续增长。2004年实现茶叶产量6280吨，其中径山茶703吨；茶叶产值2.47亿元，其中径山茶产值1.50亿元，综合经济指标名列全省前茅。2006年，径山春茶一季总产值1.1亿元，同比增加6085.68万元，增长122.8%；径山茶农人均收入达5000元，增长25%。2006年余杭区茶叶产值为2.62亿元。2007年，径山茶生产基地年产茶叶810吨，产值2.1亿元，已成为余杭周边山区茶农增收致富的一棵“摇钱树”。2009年6月，径山名茶获第二届“浙江省十大名茶”称号。

西湖区，茶园面积共2.08万亩，正宗龙井茶的种植区域很小，主要在杭州西湖区的龙井、灵隐、满觉陇、梅家坞、翁家山、杨梅岭6个村，面积仅为4000多亩，年产西湖龙井茶约900吨（含夏秋龙井），约占龙井茶总产量的6.5%，2005年西湖龙井茶平均亩产值达10591元。2006年西湖区春茶生产量216.45吨，总产值4433.56万元，平均春茶亩产值4686.6元。目前，年均春茶产量约300吨。西湖龙井茶区区域面积达到168平方公里，2007年的茶叶总产值达到1.1亿元。2009年6月，西湖龙井名茶获“浙江省特别荣誉名茶”和“国家礼品茶——西湖龙井”称号。

2001年11月，为保护浙江的既得利益，备受争议的《龙井茶原产地域产品保护》终于被国家核准，而龙井茶产区正式扩大为西湖区、钱塘区、越州区等三大区域，几乎涵盖了浙江大部分茶叶主产区。至2004年底，浙江全省龙井茶产量已达1.6万吨、产值近20亿元，占全省茶叶总产值的50%以上，而受种植面积限制的西湖龙井茶产值仅为1亿元左右。自此，浙江的名茶产业已逐步完成了以“西湖龙井茶”为旗帜到以“龙井茶”为主体的跨越。

安吉，地处经济发达的长三角地区和欠发达的中部地区的结合部，是著名的“中国竹乡”。全县面积1886平方公里，人口45万，辖10个镇5个乡和1个省级经济开发区。安吉是著名的茶乡，茶园面积 9 万亩，年产茶叶 4300 余吨，种植户 5800 户，茶叶加工企业 350 家。2005 年茶叶产值 5.21 亿元，其中安吉白茶园 3.7 万亩，年产量达 270 吨，产值 3.5 亿元。浙江省级无公害茶基地 2.4 万亩，有机认证茶面积 1 万亩。“安吉白茶”属全国独有，系茶中极品。2000 年 6 月，中国特产之乡命名委员会授予安吉“中国白茶之乡”荣誉称号；2001 年安吉白茶获原产地证明商标；2004 年获国家原产地产品保护；2004 年被评为浙江省十大名茶；2009 年 6 月，安吉白茶获第二届“浙江省十大名茶”称号。2007 年安吉白茶为全县农民人均增收 1428 元。2008 年 6 月，宋茗白茶茶香飘进了人民大会堂，成为“第七届科学家论坛”唯一指定用茶。

2. 浙东产区

浙东产区主要分布在新昌、嵊州、绍兴、诸暨、武义、余姚、宁海、天台 8 个县(市)，利用规模大、产业化程度高的优势，重点发展名优茶和出口珠茶。

新昌县，位于浙江省东部，东邻宁海、奉化，南接天台，西南毗连磐安、东阳，自西至北与嵊州市接壤。全县总面积为 1213 平方公里，约占全省陆地面积的 1.2%。其中耕地面积 22.9 万亩，山林面积为 131 万亩，素有“八山半水分半田”之称。新昌属亚热带气候，地处中、北亚热带过渡区，温和湿润，四季分明。春夏初雨热同步而盛夏多晴热，秋冬光温互补，灾害性天气较多。冬夏长、春秋短。春季，冷暖空气团在县境进退交锋，骤冷骤热，天气多变，阴雨连绵。三四月份出现“倒春寒”。全县辖 11 个镇、7 个乡，人口 43.5 万，其中城关镇总人口 14.4 万，人口密度为 358 人/平方公里。

获“绿茶茶王金奖”的大佛龙井的产地新昌，全县现有 10.5 万亩茶园。2005 年茶园产量 5230 吨，产值 3.54 亿元，初步形成了茶叶加工、外贸出口等贸工农一体化的茶叶产业体系。在这个产业体系中，茶叶的从业人员达 15 万，占全县人口的 1/3，农民人均年收入5000余元，其中25%来自茶叶产业。2007年，新昌茶叶总产量为5510吨，总产值4.14亿元；其中名优茶7.68万担，占茶叶总产量的70.6%，产值4.03亿元，占总产值的97.3%。“大佛龙井”系列品牌先后有2只产品获全国农业名牌产品称号、1只产品获全省农业名牌产品称号，共获国际金奖8次、各级名茶奖30多次。200克大佛龙井在新茶拍卖会上拍出了8.3万元的天价。2009年6月，大佛龙井获第二届“浙江省十大名茶”称号。

嵊州市，位于浙东部丘陵地区，总面积1784平方公里，人口73.5万，辖11个镇、6个乡、4个街道。嵊州是“中国名茶之乡”和最大的绿茶出口基地，也是国内名茶“平水珠茶”和“越乡龙井”的主产区。现有茶园16.5万亩，外建基地30万亩，茶叶总产值12亿元，2006年茶叶产量2.2万吨，产值4.2亿元；其中名茶产量4420吨，产值3.5亿元，产量、产值均居全省龙井茶生产县(市)之首。茶叶已成为嵊州农民增收、农业增效的支柱产业。嵊州市是国家龙井茶原产地域保护区之一，为“国家级无公害出口基地示范县”，获“中国茶叶发展政府贡献奖”。年加工出口珠茶超过6万吨，产值7亿多元，占全国珠茶出口量的60%以上，是全国最大的珠茶生产、加工、出口的集散中心。“泉冈辉白”茶早在清末就被誉为全国十大名茶之一，“越乡龙井”茶被国家定为原产地保护品牌。2009年6月，越乡龙井获第二届“浙江省十大名茶”称号。

绍兴市，地处长江三角洲南翼，浙江省中北部杭甬之间，市区面积362平方公里，人口65万。历史悠久，名人荟萃，素有水乡、桥乡、酒乡等美誉，是首批国家级历史文化名城、首批中国优秀旅游城市，是长江三角洲南翼重点开发开放城市。处于中、北亚热带季风气候过渡地带，季风气候显著，四季分明，雨量充沛，日照丰富，湿润温和。2007年，绍兴市茶园面积已有54万亩，达到历史最高值，茶叶总产值超12.16亿元，约占全国的1/10，产量占全省1/3，是全国最大的产茶区和绿茶加工、出口集散中心。目前，全市共有2000多家规模不等的茶厂，出口珠茶、蒸青茶占全国绿茶出口量的6成以上。全市无性系良种茶园已达19万余亩，无性系良种覆盖率达38.4%，全市80%的茶园推行生产无公害茶，建成无公害茶基地40多万亩，已形成生产、加工、贸易、综合利用、茶机生产、茶文化研究等产业链，所辖县（市）纷纷获得“中国珠茶之乡”、“中国名茶之乡”、“中国茶叶之乡”、“中国无公害茶叶之乡”等荣誉。2001年，绍兴茶产区被国家列入龙井茶原产地保护区，是全国最大的产茶市（地级）和主要出口茶叶加工基地之一。珠茶和蒸青茶的出口量占全国绿茶出口量的60%。全市基本建成了由产地市场、集散中心市场、销区市场相配套的市场网络，全市茶叶商品率已达90%以上。

诸暨市，是越国古都、西施故里，区域面积2311平方公里，常住人口150万左右，现辖24个镇乡、3个街道。位于长江三角洲南翼、浙江省中北部，境内山川秀丽，有著名的国家级风景名胜区——浣江·五泄风景区，是中国优秀旅游城市。入选“福布斯中国大陆最佳商业城市”，被评为“长三角最具投资价值县市”，“中国香榧之都”。全市范围内有名茶市场6个，27个镇乡、街道都产茶叶，大部分行政村种茶，17.9万农户种植经营茶叶。先后荣获“中国无公害茶之乡”、“浙江省茶树良种化工作先进县”、“浙江省初制茶厂优化改造先进县”等称号；2004年绿剑茶被评为浙江省十大名茶之一。2009年6月，绿剑茶又获第二届“浙江省十大名茶”称号。诸暨市有茶园面积12万亩，外拓基地近5万亩，是浙江省主要产茶县（市）之一，中国无公害茶叶之乡。名优茶基地面积6万多亩，其中无性系良种茶园2万余亩。年产干茶6000吨，产值2.4亿元，其中名优茶2500吨，产值2.3亿元，主产绿剑茶、石笕茶、云剑茶、西子丽人茶、笔峰春茶等名优茶和珠茶、烘青、炒青等大宗茶，茶叶产业为诸暨市特色优势农产品并被列为诸暨市十大农业块状经济之一，茶叶产值占农业总产值的7.1%，茶叶生产已成为诸暨市山区农民致富的重要途径。2006

年茶叶总产量 5820 吨，产值达 2.55 亿元，其中名优茶产量 2512 吨，产值 2.3 亿元。

武义县，地处浙江中部，金衢盆地东南。武义县地形西南高，东北低。境内三面环山，峰峦连绵，中部丘陵蜿蜒起伏，形成武义和宣平两个河谷盆地。属中亚热带季风气候，四季分明，年平均气温 16.9℃，年平均降水量 1445.7 毫米。总面积 1577.2 平方公里，是金温铁路、金丽温高速公路第一站。人口 32.8 万，其中城区 10 万人。辖 3 个街道、8 个镇、7 个乡、15 个社区、2 个居民区、540 个行政村。所产茶叶的自然品质“色、香、味、形”独特，白毫显露，色泽翠绿，具有兰花的清香和鲜醇可口的特点，历史上就享有一定声誉，2004 年“武阳春雨”茶是“浙江省十大名茶”之一。2009 年 6 月，武阳春雨获第二届“浙江省十大名茶”称号。

早在 2001 年，武义县就取得“中国有机茶之乡”称号，成为浙江省 20 个开发有机茶试点县之一。目前茶园面积达 12.22 万亩，其中良种茶面积 6.24 万亩，良种化率为 51%。2007 年茶叶总产量 9746 吨，总产值 3.47 亿元，其中名优茶产量 2606 吨，产值 2.34 亿元。有机茶生产企业 14 家，有机茶颁证面积 2.37 万亩，占全县茶园面积的 19.4%；年产量 1225 吨，占全县茶叶年产量的 12.6%；产值 9200 万元，占全县茶叶总产值的 26.5%。目前有机茶颁证总面积已突破 2 万多亩，占全国有机茶颁证面积的 1/5，成为全国最大有机茶种植基地。

余姚市，属浙东盆地山区和浙北平原交叉地区，地势南高北低，中间微陷。南部为四明山区，山峦起伏，散布大小不等的台地和谷地，中部为姚江冲积河谷平原，北部为钱塘江、杭州湾冲积平原，素有“五山二水三分田”之称。余姚地处亚热带季风气候区，阳光充沛，雨量丰富，温暖湿润，四季分明。先后被国家授予“中国杨梅之乡”、“中国高山云雾茶之乡”等 6 个特色农业之乡。总面积 1527 平方公里，全市共辖 14 个镇、1 个乡、6 个街道，人口 85 万。

余姚市茶园面积达5.6万亩，投产面积4.5万亩，年产干茶超过5500吨。其中无性系良种茶园1.2万亩，名优茶产量达480吨，产值近7000万元。21个镇乡、街道中有19个产茶，余姚"瀑布仙茗"是当地主要茶叶品牌。茶叶生产已成为余姚农业八大产业之一。2002年3月被命名为"中国高山云雾茶之乡"。2008年全市名优春茶产量336吨、产值6850万元，全市春茶产量3006吨，产值8670万元，比2007年减少1498万元。其中，珠茶产量2450吨、产值1625万元，蒸青茶产量220吨、产值195万元。2009年6月，余姚"瀑布仙茗"获浙江省优质名茶称号。

宁海县，是全国生态示范区，位于浙江省东部沿海、长江三角洲南翼，北连奉化县，东北濒象山港，东接象山县，东南临三门湾，南壤三门县，西与天台、新昌为界。属亚热带季风性湿润气候区，常年以东南风为主，气候温暖湿润，四季分明，日照充足，雨水充沛，是国务院批准的第一批沿海对外开放地区之一。全县总面积1880平方公里，人口59万，下辖18个镇乡(街道)。宁海全县茶叶面积超过4.2万亩。2005年茶叶产量为1300吨，产值5900万元，望海、望府等名茶产量仅为94吨，产值却达到3500万元，名茶产值占全县茶叶产值的60%。2006年望海茶总产量达511吨，总产值6632万元。2007年茶叶产量3192.8吨，其中春茶总产量为1534吨，实现产值5369万元，其中名优茶95吨，实现产值3650万元。2009年6月，望海茶获浙江省优质名茶称号。

天台县，位于浙江省东中部，以境内天台山得名，东连宁海、三门，西接磐安，南临仙居、临海，北接新昌，总面积1420.70平方公里，人口为55.7万，设7个镇、5个乡、3个街道。天台山脉由县西向东北蜿蜒，西南绵亘大雷山脉，形成四面环山中部较为平坦的丘陵盆地。天台山在国内的茶叶界被认为是"江南茶祖、韩日茶源"。

全县茶园总面积已达6.5万亩，年产茶叶1400吨，产值1.2亿元；有8600亩茶园通过了有机认证，1.6万亩茶园通过国家无公害农产品认证;改造初制茶厂总数已达16家,占全县需改造茶厂总数的45.7%,已有13家茶叶加工厂通过QS认证。2007年全县茶叶总产量1370吨,总产值1.2亿元,其中龙井茶约850吨,年总产值在9000万元左右。天台山云雾茶一直为浙江名茶之一,2003、2006年均被评为浙江名牌产品,2005年被评为台州市著名商标。

3. 浙南产区

浙南产区主要分布在泰顺、遂昌、松阳、景宁、龙泉、庆元等6个县(市),利用气候回暖早和自然环境污染少的优势,重点发展特早名优茶、有机茶和高山优质绿茶。

泰顺县,位于浙江省最南端,东南邻接福建省的福鼎、柘荣,西南接福建省的福安、寿宁,西北靠景宁,东北毗文成,总面积1761.5平方公里,总人口34.78万,辖11镇、24乡、1个民族乡。境内重峦叠嶂,涧谷纵横,山高林密,云雾弥漫,雨量充沛,空气清新,具备产茶的得天独厚的自然条件。泰顺县主产绿茶,是全国100个重点产茶县之一和全国眉茶出口基地,为"中国茶叶之乡"。

泰顺县现有茶园面积5.5万亩,其中采摘茶园面积4.7万亩,面积和总产量位于温州市各县(市、区)之首,是浙南地区最大的产茶基地。"三杯香"是泰顺县茶叶的主导产品,是全国人大常委会和北京人民大会堂的特供茶。2005年泰顺县产茶总量为1610吨,产值5240万元,其中名优茶产量365吨,产值2830万元。拥有茶叶加工企业137家,年销售收入100万元以上的茶叶经营企业20余家。2007年,全县茶叶总产量2000吨,产值1.07亿元,其中名优茶产量650吨,产值6750万元。

遂昌县,位于浙江省西南部,钱塘江、瓯江上游,东倚武义、松阳,南临龙泉,西接江山和福建省浦城,北与衢县、龙游和金华毗连,总面积2539平方公里,辖9个镇、11个乡,人口22.5万。遂昌县系钱塘江和瓯江的源头之一,山高谷深,林木葱茏,终年云雾缭绕;属亚热带季风区气候,秋霜迟,春暖早,是茶叶一类适生区。优越的自然生态环境,形成了优异的高山云雾茶品质。1974年遂昌县被列为全国100个茶叶生产基地县之一,1984年又被列入全国八大眉茶出口基地县,2005年5月被国家农业部授予"全国无公害茶叶生产示范基地县"。

现今,茶园面积已发展到9万亩,投产面积7.4万亩,年产干茶5267吨,产值2.09亿元。其中,名优茶5098吨,产值2.06亿元。名优茶已成为全县农业经济的主导产业之一。2005年全县茶叶产量4381吨,茶业总产值1.59亿元,全县茶园良种率为61.5%。2006年全年茶叶产量4790吨,茶叶总产值1.87亿元,占农业产值的23%;全县无性系良种茶园面积达5.5万亩,良种率达64.7%。2007年茶叶种植面积已达9.05万亩,全年实现茶叶产量5000吨,产值达2亿元,其中春茶2750吨,产值14424万元。2008年春茶产量为3045吨。已研制开发出"龙谷丽人"国际金奖名茶1只,"遂昌银猴"、"春来早"省名茶2只,"九龙剑锋"、"三井毛峰"、"竹缘"、"湖山仙露"、"太虚妙露"、"桃汗雨后茶"、"迎春曲毫"等10多只优质茶,在省、市名茶评比中,获得茶叶专家们的好评。

松阳县,位于浙江省西南部,东连丽水市,南和西南邻云和县、龙泉市,西和西北接遂昌县,东北毗武义县,被世人称为"金瓯玉盘"。总面积1406平方公里,总人口为23.1万,辖5个镇、15个乡、11个居民区、401个行政村。属中亚热带季风气候,温暖湿润,四季分明,冬暖春早,气候垂直差异明显。

松阳县是茶叶大县,目前茶叶种植面积已达8.97万亩,良种率90.5%,良种面积居全省首位,全县23万人中有近10万人从事茶叶生产、加工。所创办的浙南茶叶市场,交易量、交易额连续多年蝉联全省第一,投产茶园面积7.5万亩。2005年茶叶总产量4380吨,产值1.45亿元,香茶产量占总产量的85%,产值占茶产业产值近一半。2007年该县茶产量达5880吨,产值3.12亿元,其中以松阳银猴茶为主的松阳茶产量达130吨，产值达7900万元。茶产业已成为松阳农业经济的主导产业和广大农民的主要收入来源。2008年春茶产量2500吨，比2007年增产230吨，实现产值2.1亿元，产量、产值创历史新高。全县已有6个产品获得国家级有机食品标志，2004年松阳银猴茶入选浙江省十大名茶，2009年6月获第二届"浙江省十大名茶"称号。

景宁畲族自治县，是浙江省畲族的主要发祥地，地处浙江省南端，东邻青田、文成县，南接泰顺县和福建寿宁县，西连庆元县、龙泉市，北毗云和县，东北靠丽水市莲都区，面积1950平方公里，共有5个镇、19个乡、4个社区、4个居民区、283个行政村，人口约18万。属典型的山区，素有"九山半水半分田"之说，全县耕地面积10.5万亩，山地270万亩。景宁县地处亚热带，属亚热带季风气候，境内温暖湿润，雨量充沛，气候垂直分布差异明显，自然资源丰富，开发前景广阔。名优特产数多质好，惠明茶曾荣获1915年巴拿马万国博览会金奖，为浙江省十大名茶和全国重点名茶之一，金奖惠明茶是商业部审定的全国重点名茶之一，产地为鹤溪镇惠明寺村。县志称：唐咸通二年，惠明和尚建寺山中，和畲民在寺四周地种茶，因此得名。

2007年底，全县有茶园总面积3.9万亩，其中采摘茶园2万余亩，通过有机茶认证面积2000亩，无性系良种茶园面积2.6万亩，良种茶园占全县茶园总面积65%，良种茶园面积占有率名列全省前茅。2002、2004年两度被评为浙江省"茶树良种化先进县"。2007年全县茶叶生产总量1012吨，其中名优茶551吨（扁形茶75吨，产值1035万元），有机茶28吨；全县茶叶总产值9108万元。2008年春茶受年初雨雪冰冻天气的影响严重，产量下跌，总产量仅450吨，产值约6740万元。2008年上半年，景宁惠明茶产量达1030吨，产值达9790万元。2008年杭州敬老茶会点评惠明茶时说："惠明茶应与贵州茅台酒齐名。"2009年6月，景宁惠明茶获第二届"浙江省十大名茶"称号。

龙泉市，位于浙江省西南部浙闽赣边境，东临温州经济开发区，西接福建武夷山风景旅游区，素有“瓯婺入闽通衢”、“驿马要道，商旅咽喉”之称。历史悠久，景色优美，物产丰富，人文荟萃，是著名的青瓷之都、宝剑之邦、世界香菇生产发源地和“中华灵芝第一乡”，被誉为“处州十县好龙泉”。全市面积3059平方公里，人口27.4万，辖3个街道、8个镇、8个乡，为浙江省面积第二大县级市。“龙泉金观音”茶叶也因其“活、甘、清、香”的独特韵味和品质，受到市场的青睐和追捧，被推崇为龙泉“第三宝”。2007年，全市茶园总面积达2.82万亩，其中特色茶叶面积3500亩。茶叶产量达到940吨，产值2406万元。目前，经营状况较好的茶园面积约5000亩，主要分布于全市18个茶场。

二、浙江产茶种类

浙江主产绿茶（含白茶），此外还有红茶等。在绿茶中主要分名优绿茶和大宗茶。

1. 浙江名优绿茶

由官方组织2004年评出的“十大名茶”分别是大佛龙井、开化龙井、西湖龙井、安吉白茶、武阳春雨、松阳银猴、径山茶、金奖惠明茶、望海茶和绿剑茶（按笔画顺序排列），它们代表了浙江名茶产业的最高水准。2009年6月，第二届浙江省十大名茶评选活动由浙江省农业厅主办，并得到了全省茶区各级政府的高度重视、关注和关心。十大名茶依次为越乡龙井、大佛龙井、松阳银猴、开化龙顶、径山茶、武阳春雨、安吉白茶、绿剑茶、千岛玉叶、金奖惠明茶。同时，授予西湖龙井茶“浙江省特别荣誉名茶国家礼品茶——西湖龙井”称号，授予望海茶、永嘉乌牛早、余姚瀑布仙茗、天台山云雾茶、龙谷丽人茶、紫笋茶为“浙江省优质名茶”称号。

(1) 第二届浙江省十大名茶。

①越乡龙井。越乡龙井产于“中国茶叶之乡”——嵊州，产地

自然环境优越，采制工艺精细。产品外形扁平光滑，色泽翠绿嫩黄，香气馥郁，滋味醇厚，汤色清澈明亮，叶底嫩匀成朵，经久耐泡，为龙井茶中之佳品。经过十余年的培育，越乡龙井在市场上有较高的知名度与美誉度，先后被评为浙江名牌产品、浙江省著名商标，多次获国内国际名茶评比金奖。嵊州市成立了越乡名茶协会和品牌管理办公室，实行统一品牌、包装、标准、标志、宣传和监管，以“越乡商标＋企业商标”的形式对全市龙井茶品牌进行整合。目前，已在 29 个省、自治区、直辖市开设越乡龙井直销窗口。

②大佛龙井。大佛龙井产于“中国名茶之乡”——新昌县，是全国著名的龙井茶集散地。大佛龙井茶品质特征为外形扁平光滑，尖削挺直，色泽绿翠匀润，嫩香持久沁人，滋味鲜爽甘醇，汤色杏绿明亮，叶底细嫩成朵，具有典型的高山风味。“大佛龙井”是新昌名茶的统称和象征，产品曾多次荣获全国、省名牌产品和首届浙江省十大名茶。大佛龙井茶市场已覆盖全国 20 多个省、自治区、直辖市，有较高的品牌信誉和知名度。2008 年 6 月 11 日，天福茗茶连锁店开设大佛龙井专柜，启动仪式在位于北京王府井大街的天福茗茶北京旗舰店举行。天福集团将在遍布全国各地的 800 余家茶叶连锁专卖店中设立大佛龙井专柜。

③松阳银猴。松阳银猴产于国家级生态示范区浙南山区，银猴龙剑、银猴白茶、银猴香茶等名茶系列品质优异，品质特征为外形壮实、卷曲多毫，香气浓郁，粟香浓溢，汤色嫩绿清澈，滋味鲜醇甘永，叶底黄绿明亮。饮之心旷神怡，在国内国际茶事大赛中多次获奖，先后荣获浙江省名牌产品、首届浙江省十大名茶称号。松阳银猴系列名茶畅销浙江、上海、江苏、安徽、山东、北京等地。

④开化龙顶。开化龙顶产于钱塘江源头开化县，是国家级生态示范区。选用一芽一叶初展或一芽二叶为鲜叶原料，结合传统和现代工艺精制而成。品质特征为外形紧直挺秀、嫩绿细润，内质香高持久，滋味鲜醇甘爽，汤色杏绿清澈，叶底匀齐成朵，具有“干茶色绿、汤水清绿、叶底鲜绿”的三绿特征，堪称钱江源头的

“一绝”。自 1985 年被评为中国名茶以来，获得各类荣誉 86 项，为浙江名牌、浙江省著名商标、浙江省十大特色农产品品牌和首届浙江省十大名茶。

⑤径山茶。径山有“茶圣著经之地，日本茶道之源”的美誉。径山茶产地涉及杭州市余杭区的径山、余杭、闲林、中泰、黄湖、鸬鸟、百丈、瓶窑、良渚等镇乡及临安市的横畈、高虹等镇乡。加工工艺为鲜叶摊放—杀青—揉捻—烘焙，其品质特征为外形条索细嫩，色泽绿翠，香气嫩香持久，至冷尚存余香，滋味鲜爽，汤色嫩绿明亮，叶底细嫩成朵，嫩绿明亮。近年来，径山茶业通过合力实施名牌战略，实行“六统一”的行业管理，推行标准化生产，提高组织化程度，径山茶产量、产值持续增长，知名度不断提高，先后获得国家原产地证明商标、首届浙江省十大名茶、浙江省著名商标、浙江省名牌产品、浙江省十大地理标志区域品牌等殊荣。

⑥武阳春雨。武阳春雨产于浙中南“中国有机茶之乡”——武义县，武义县境内峰峦叠嶂，山清水秀，优越的自然环境造就了武阳春雨茶纯天然、无污染的先天品质。其品质特征为外形细嫩稍曲、似松针细雨，色泽嫩绿稍黄，汤色明亮，滋味甘纯鲜爽，香气清高幽远，具有独特的兰花清香。武阳春雨茶自 1994 年开发成功以来，先后荣获中国农博会、国际茶博会、精品名茶博览会金奖和首届浙江省十大名茶称号，在国内杭州、北京、上海、南京、济南等大中城市开设专卖店和直销点达上百家。

⑦安吉白茶。安吉白茶产于黄浦江源头的浙西北天目山麓，生态环境优越。安吉白茶按名优绿茶的加工工艺精心制作而成，其工艺流程为：摊青—杀青—理条—搓条初烘—摊凉—焙干—整理。其品质特征为色、香、味、形俱佳，外形细紧、形如凤羽，色如玉霜、光亮油润，香气清高馥郁，滋味清爽甘醇，汤色鹅黄、清澈明亮，叶底自然张开，叶肉玉白，叶脉翠绿，氨基酸含量高达 5%～10.6%，是普通绿茶的 2 倍以上。安吉白茶先后荣获首届浙江省十大名茶、中国农业名牌产品、中国驰名商标等称号。

⑧绿剑茶。绿剑茶系新创名茶，产区位于浙江境内的龙门山脉和会稽山脉东白山麓，产地土壤肥沃、气候温和，终年云雾缭绕，雨量充沛，优越的自然环境为优良茶叶品质的形成创造了条件。绿剑茶采用机械与手工相结合的方法，其工艺流程为：摊放—杀青—烘二青—复炒—辉干，其中前四道工序为机械作业，辉干为手工作业。品质特征为形如绿色宝剑、尖挺有力，色泽嫩绿、汤色清澈明亮，滋味鲜嫩爽口，香气清高，叶底全芽匀齐、嫩绿明亮。冲泡时芽头笔立，犹如绿剑群聚，栩栩如生。绿剑茶先后荣获首届浙江省十大名茶、中国驰名商标、浙江省知名商号等称号。

⑨千岛玉叶。千岛玉叶产于国家一级天然水库千岛湖畔的淳安县，淳安县是著名的出口绿茶“遂绿”主产区、“鸠坑茶种”的原产地。千岛玉叶由庄晚芳教授题名，在吸取龙井茶加工工艺的基础上，用扁茶加工机械加工而成，其工艺流程为：摊青—杀青—回潮—压扁—磨光—摊凉—辉锅。其品质特征为外形平扁挺直，两边平削，腹部微微隆起，尖如枪锋，叶肥芽壮，露白毫，色泽绿中呈嫩黄，嫩香持久，茶味醇厚，汤色清澈明净。千岛玉叶先后被评为浙江省名牌产品、浙江省著名商标等称号。

⑩金奖惠明茶。金奖惠明茶产于景宁畲族自治县，产地雨量充沛，林木葱茏，云雾弥漫。金奖惠明茶采用杀青—摊凉—初揉—初烘—摊凉—复揉—烘干—摊凉—提香—抽检—包装—出售的工艺流程制作而成，其品质特征为条索紧秀似鱼钩，银毫显露，味浓耐泡，香似兰花，叶底黄绿明亮。一杯鲜，二杯浓，三杯甘又醇，四杯五杯茶韵犹存，味浓持久，回味鲜醇香甜。惠明茶1915年获巴拿马万国博览会一等证书和金质奖章，近年来先后荣获首届浙江省十大名茶、国务院专供茶和中国驰名商标等称号。

(2) 特别荣誉名茶国家礼品茶。

西湖龙井被第二届浙江十大名茶评审委员会授予“浙江省特别荣誉名茶”和“国家礼品茶——西湖龙井”称号。西湖龙井茶产于杭州市西湖区，狮峰、龙井、云栖、虎跑、梅家坞一带，分“狮、龙、云、虎、梅”五个品种。其品质特征为茶形似碗钉，扁平甘醇鲜爽，叶底嫩匀成朵，以色绿、香郁、味甘、形美四绝著称，即色泽鲜翠，香气馥郁，滋味醇甘，外形扁平、光滑挺直。

（3）浙江优质名茶。

①天台云雾茶。天台云雾茶产自浙江中东部的天台县境内。品质特征为外形细紧直挺、绿润披毫，香气高锐浓郁持久，滋味浓厚鲜爽清冽回甘，汤色嫩绿明亮，叶底芽叶细嫩成朵匀齐，冲泡数次不减味。有佛天雨露、帝苑仙浆的美誉。

②紫笋茶。紫笋茶又名“长兴紫笋”，产于长兴县。品质特征为芽叶微紫（嫩色），紧直略扁，芽形似笋，舒展后呈兰花状，色泽绿润，叶底肥壮成朵，汤色清澈明亮，香气清高持久，滋味鲜醇。茶芽细嫩、色泽带紫、其形如笋，故得名为“紫笋茶”。

③乌牛早。乌牛早产于瓯江下游北岸的永嘉县。品质特征为外形扁平、光润、挺秀、均匀，芽峰显露、略显毫，色泽嫩绿光润，内质叶底幼嫩肥壮，匀齐成朵，叶色嫩绿明亮，汤色清澈，香气高鲜，滋味甘醇爽口，色香味形俱佳。

④望海茶。望海茶产自国家级森林公园宁海南溪温泉名山之巅——望海岗。其品质特征为外形细嫩挺秀，色泽翠绿显毫，汤色明亮清澈，品之香高持久，回味甘爽，且富含锌、镁等微量元素。

⑤余姚瀑布仙茗。余姚瀑布仙茗产自横亘于浙江东部名邑余姚境内的姚江流域。其品质特征为外形条紧略扁、匀净，色泽绿翠，香气嫩香持久，滋味鲜醇爽口，汤色嫩绿清澈明亮，叶底芽叶成朵、匀齐。

⑥龙谷丽人茶。龙谷丽人茶产于钱塘江、瓯江源头的遂昌县。其品质特征为条索浑直似眉，色泽翠绿显毫，香气清幽持久，滋味甘醇爽口，叶底细嫩明亮。冲泡杯中，茶芽直竖，亭亭玉立，恰似丽人起舞，故名“龙谷丽人”。

2. 浙江大宗茶

浙江是我国珠茶、眉茶等外销茶的重要生产基地，长期以来，浙江茶叶是珠茶、眉茶、花茶等大宗茶一统天下。但作为绿茶大省，用于出口的大宗茶年产量占全省茶叶总产量的60%，产值却只占20%。目前大宗茶仍无法摆脱“量大价低”的格局，浙江2005年茶叶年产量14.4万吨、产值约46亿元，其中大宗茶超过9万吨，占茶叶总产量的62.5%。2007年茶叶年产量16.0万吨、产值约60亿元，其中大宗茶10万多吨，产值接近10亿元。

（1）珠茶。珠茶是浙江独有的传统产品，是浙江绿茶出口的大宗茶类之一，素以形如珍珠、色泽绿润、香高味醇的品质风韵而著称于世，是人们最理想的健康饮料之一。产品因其外形圆紧重实，色泽绿润起霜，形似珍珠而得名。珠茶为我国最早出口的茶品之一。18世纪初期，珠茶以“贡熙”名茶（意即康熙皇帝的贡品），曾风靡整个茶坛，被誉为“绿色的珍珠”。19世纪后叶为珠茶出口的旺盛时期。新中国成立后，随着茶叶生产的迅速恢复与发展，珠茶出口量不断增长。20世纪80年代，珠茶已行销40多个国家和地区。1984年9月，在西班牙马德里举行的第22届世界优质食品评选会上，有60多个国家和地区的人士参加了评选。浙江省茶叶进出口公司经营出口的天坛牌特级珠茶荣获金奖，这是我国在这次评选会上获得的唯一奖章，也是新中国成立以来浙江省出口商品获得的第一枚国际奖章。

珠茶，亦称圆茶，原产浙江省平水茶区。平水是浙江省绍兴市东南的一个集镇，过去毛茶均集中在平水加工，所以在国际市场上叫做“平水珠茶”。珠茶以平炒青为原料，精制加工采取单级付制、成品多级收回的方式，其加工工艺是：原料拼和、定级，分原身、轧货、雨茶三路取料。其产品规格依据质量和形状分为珠茶、雨茶、碎茶、秀眉等。平水茶区包括浙江省绍兴、嵊州、萧山、诸暨、上虞、余姚、天台、奉化、鄞州、东阳等县（市、区）。整个产区东濒东海，北临杭州湾，西贴钱塘江，南迄东阳，为会稽山、四明山、天台山等诸山所怀抱。境内山岭盘结，峰峦起伏，云雾缭绕，溪流纵横，气候温和，青山绿水，景色宜人，非常适于发展茶叶生产。加工的企业主要有绍兴、嵊州三界、新昌、上虞、余姚、奉化、东阳、磐安等精制茶厂，加工的成品主要供浙江茶叶进出口公司出口。

珠茶加工工艺分初制和精制两个阶段，均已实现机械化生产。

初制工艺分为杀青、揉捻和干燥三道工序。干燥工序又分滚二青、炒小锅、炒对锅和炒大锅四个步骤。其中炒小锅、对锅和大锅都在同一台珠茶炒干机中完成。初制全程需 5 小时左右。所制产品尚属毛茶，一般称为平炒青或圆炒青。

精制工艺分为生取、炒车、净取、匀装。生取包括毛茶分筛、头子切分、撩筛和风选四个工序；炒车包括滚炒和车色两个工序；净取包括毛撩、风选、抖筛、拣剔、净撩、清风六道工序；最后通过包括拼配、匀堆和装箱的匀装，便成为商品性的珠茶。

(2) 眉茶。眉茶是浙江绿茶大宗出口茶之一，其产品形状似眉故称眉茶。眉茶选以长炒青(杭炒青、遂炒青、温炒青)为原料，经精制加工、拼配而成。精制加工采取单级付制、成品多级收回的方式，其加工工艺是：毛茶复火滚条、分筛、打筛、抖筛、切条、拣剔、风扇、补火车色、清风割末，半成品候堆入库，然后对样拼配，分本身、圆身、长身、子口、筋梗五路取料。其产品规格依据质量和形态分为特珍、珍眉、雨茶、秀眉、茶片等。加工眉茶的企业主要有杭州、临安、淳安、开化、安吉、湖州、遂昌、松阳、台州、温州、德清、余杭、富阳、建德、衢州、江山、常山、三门、仙居、平阳、泰顺、苍南等地的精制茶厂。加工的成品眉茶主要调供给浙江茶叶进出口公司拼配出口，骆驼牌眉茶和天坛牌眉茶年出口量一般在 2 万吨以上。出口包装分为大包装和小包装，大包装根据出口茶号规格用三夹板箱盛装，小包装分不同规格装入外包装的纸板箱内。全省眉茶一般年产量约 5 万吨，占全省茶叶总产量 40% 左右。

眉茶分为珍眉、针眉、秀眉、贡熙、虾目五个花色。珍眉是眉茶中的上品，是浙江的传统名茶。珍眉茶以采摘于春茶的一芽二三叶为原料，做工精细、初精合一，生产有特级、一、二、三、四级珍眉茶。特级珍眉茶为最优，以采摘于清明至谷雨的一芽一二叶为原料，经过精细加工而成。条索细秀如眉，色泽绿而油润，香气栗香高而持久，滋味鲜浓有回甘，汤色绿而亮，叶底嫩绿匀齐为珍眉之精品。

浙江骆驼牌珍眉由于原料选用优质毛茶，自然品质优良，工艺合理，设备先进，成品茶外形与内质风格独特，已有30余年的生产历史。中国土产畜产浙江茶叶进出口公司经营的珍眉绿茶外形苗秀似眉，色泽绿润起霜，汤色碧而明亮，香气高而久长，滋味浓酽鲜爽，是绿茶中的珍品。1986年在第25届世界优质食品评选中，该公司的天坛牌特级珍眉荣获金质奖；1992年在第31届世界优质食品评选中，该公司的骆驼牌特级珍眉再获金质奖。浙江珍眉绿茶除销往上海、北京、西安、广州、杭州等国内大中城市外，还出口美国、荷兰、摩洛哥、阿尔及利亚、巴基斯坦、新加坡等国家和中国香港地区。

眉茶加工方法分初制和精制两个阶段。初制分为杀青、揉捻和干燥三道工序。杀青要求高温杀青，杀匀杀透；揉捻要求揉捻叶组织破碎程度在45％～55％；干燥工序又分二青、三青和辉锅。辉锅后茶叶含水量一般为6％左右，所制产品称炒青毛茶。

3. 浙江茶叶交易市场

目前，全省有各级茶叶市场179个，浙江省的茶叶市场分布在32个县(市、区)，其中县级以上市场有18个；新昌、松阳、淳安、开化、嵊州、杭州西湖等重点茶叶市场交易面积达12万平方米，共有摊位7100多个，经营企业1100余家。年交易额均超亿元，合计年交易额达42亿元。

(1) 浙南茶叶市场。浙南茶叶市场位于国家级生态示范区、浙江良种茶之乡——丽水市松阳县城。市场创建于1993年初，随着交易量的不断扩大，曾三易其址。2001年，市场经省工商行政管理部门批准正式更名为“浙江浙南茶叶市场”。2005年初，占地面积1.45万平方米的交易区一期工程和占地2.6万平方米的物流中心投入使用。2005年，入市茶叶交易量达1.68万吨，交易额4.86亿元，分别列全省第一、二位。该市场先后被列为“省重点农副产品批发市场”、“省骨干农业龙头企业”、“省三星级文明规范市场”。

市场交易茶类丰富，有条形茶、扁形茶、卷曲形茶、针形茶等，有“松阳银猴”系列（山兰、白茶、香茶、越玉兰）、龙井、碧螺春、玉峰、绿谷青帝、香茶、白茶等生态名优茶。联结松阳县及周边县（市）茶叶基地30余万亩，带动茶农6万余户。松阳名优茶通过市场，除销往上海、江苏、山东、广东、陕西、甘肃等20多个省、自治区、直辖市外，还远销中国港澳地区和欧美、东南亚各国。市场开市早、交易旺，每年2月底开市，清明时节最旺。高峰日交易人数可达5000多人次，交易额可达500多万元，已成为区域性茶叶集散中心，品牌地位日益提升。

2007年市场交易量达2.1万吨，交易额达5.5亿元，分居全省第一、二位，是浙江省最大的茶叶集散中心之一。2008年的春茶浙江松阳一季度茶叶交易量达500吨，交易额达1.3亿元。2010年上半年松阳县浙南茶叶市场茶叶交易量达1.9万吨，交易额达5亿元，同比增长19.05％，进场交易茶商人数比上年增加20％，交易量、交易额再创新高，市场集聚功能和辐射效应进一步显现。目前，一个占地5.4万平方米，集茶叶经销商铺、办公、餐饮、住宿、娱乐等功能于一体的新市场正在建设中，一期100间商铺（建筑面积1万平方米）即将投入运营。

（2）浙西茶叶市场。开化龙顶名茶市场位于浙皖赣三省七县交界处的“钱江源”开化县205国道旁。开化龙顶名茶市场开业于1998年3月，目前占地面积7717平方米，建筑面积1万平方米，设有营业用房143间，临时摊位400余个，名茶经营者达

800 人。市场年总成交额 2 亿多元，是浙西地区目前规模最大的茶叶交易市场。

千岛湖茶叶市场由淳安县供销合作总社于 1999 年 3 月建成，2005 年 9 月整体搬迁至淳安县千岛湖新安东路 558 号新建成的市场内。市场占地 2.2 万平方米，建筑面积 3 万平方米，其中营业房 286 间，仓储、办公类用房 152 套，地下车库 1600 平方米，停车场 2000 平方米，茶叶保鲜库 550 平方米，固定资产 4500 余万元。

旺季每天进场交易人数达 8000 余人次，成为浙、赣、皖三省交界处茶叶产品的集散中心，茶叶价格的形成中心和茶叶信息的发布中心。经营的千岛湖系列名茶有“千岛玉叶”、“千岛龙井”、“千岛银针”和“鸠坑毛尖”、“毛峰”等品牌。

杭州西湖茶叶市场是经杭州市人民政府批准，由多家股东共同投资合作兴办的杭州市唯一的一家茶叶批发专业市场。市场位于杭州市西湖区转塘镇，地处之江大道、320 国道和杭州外环线交会处，毗邻杭州之江国家旅游度假区的宋城和未来世界游乐公园、灵山幻境等风景名胜，环境优越，308 路和 504 路公交车直达，交通便捷。杭州西湖茶叶市场占地面积 10 亩，建筑面积 5000 余平方米，市场设有 148 间茶叶摊位，以方便茶农、茶商进场交易。

市场销售以西湖产的西湖龙井茶、钱塘产区的钱塘龙井茶、越州产区的越州龙井茶为主，还包括各地名优茶，年销售额 2 亿元以上，年销售 3000 吨以上，销售网络遍布北京、上海、山东、江苏等各大城市。

(3) 浙东名茶市场。浙东名茶市场位于浙江省新昌县城关镇江北商贸区，建于 1995 年 4 月，占地 1.75 万平方米，建筑面积 1.25 万平方米，有 360 间营业房，200 个交易摊位，25 个小型冷藏库。名茶交易已从 1995 年的 300 吨增加到 2003 年的 8000 吨，成交额已达 4.5 亿元。名茶销售遍及 20 多个省、自治区、直辖市，已在 80 多个大中城市设立销售窗口 100 多个，主营“大佛龙井”系列名茶，兼营毛峰茶、花茶、苦丁茶、珠茶等，是目前浙江省规模最大的名茶市场，被浙江省、绍兴市命名为先进农业龙头企业、星级文明规范市场，已成为集收购、拼配、加工、储藏、包装、贸易洽谈等多功能、综合性、高品位的名茶集散市场。2006 年该市场春茶交易量为 2751 吨，交易额达到 3.45 亿元。2008 年该市场春茶交易额达到 4 亿元。

第二章　茶叶生产技术

茶叶生产技术内容相当广泛，囊括了从种植到采收的各个环节，目的是为茶叶加工提供优质鲜叶原料，因此，茶叶生产技术对最终茶产品的品质优劣起着关键性作用。本章将依次对茶园选址与规划、茶树品种选择、茶树种植、幼龄茶园管理、成年茶园管理、老茶园改造管理、机采茶园管理、茶园灾害治理和鲜叶采收等进行介绍。

第一节　茶树种植

茶叶生产的首要环节就是进行茶园选址与合理规划，选择有利于茶树生长和茶叶生产的地理条件，并对茶园进行科学合理的规划，方便茶园今后的管理。

一、茶园选址与规划

选择种植茶园的地址要求交通方便，生态环境较好，远离污染源，大气、灌溉用水及土壤应符合无公害或有机茶园要求。有机茶园应远离城市和工业区，并与常规农业园之间保留足够宽的缓冲区或隔离带。农业部颁布的《有机茶产地环境条件》NY 5199—2002 中，就有机茶园环境条件、空气质量、土壤有害重金属含量、灌溉水质量都作了具体规定，并都有具体的量化指标。园地土壤要求土层深厚、疏松，一般要求有效土层厚度 1 米以上，表土层厚20～30厘米，排水良好，如果底土有黏土层或硬塥，或地下水位高，则易积水而导致茶树生长不良；土壤质地砂黏适中，pH值为4.0～5.5，由石灰质砂岩、钙质页岩等岩石发育的土壤，游离碳酸钙含量偏高，对茶树生长不利；土壤有机质及养分含量丰富，有机质含量达到2.0%以上，土壤全氮含量在0.14%以上，碱解氮为15毫克/100克，速效磷(P_2O_5)为10～20毫克/千克，速效钾(K_2O)为80～150毫克/千克。

茶园规划应做到合理利用土地，对道路、田块、排灌渠道、防护林、覆荫树等进行综合考虑，既方便田间作业和生产管理，又有利于茶园水土保持和灾害控制。

1. 设置道路和划分区块

为了便于生产管理和作业及运输交通，茶园应根据需要设置不同规格的道路，如主干道、支道、操作道、环园道等。主干道是指场部(加工厂与办公室)与外部公路连接的通道，路面宽度通常为6～8米，大型茶场(茶园面积60公顷以上)各生产区之间也应设置主干道；支道是指茶园内运输车辆、农机具等行驶的主要道路，根据地形、地势和茶园面积大小设置，是茶园划区分片的界线，路面宽度一般为4～6米；操作道是茶园划块的界线，从支道或主干道通向茶园地块，多与茶行垂直，路面宽度1.5米，两操作道之间的距离一般宜在50～100米，若接近100米，可在地的中段设置0.5～1米的小路，以方便操作管理；环园道是设在茶园四周边缘，作为与周围农田、山林等的分界线，路面宽度不一定相同，一般也是1.5米左右。划分区块则是指为了方便管理，将全部茶园根据面积及地形划分成若干个生产区，每个生产区再划分成几个片，每个片又划分成若干地块，应根据地形条件等划分成适当大小的地块，一般以10亩左右为宜。

2. 设置沟渠水利系统

茶园应根据地形和地势条件设置合理的渠道水利系统，起到防洪排涝和保水抗旱的作用。较常使用的有两种：一是截洪沟（隔离沟），是在茶园与林地、荒地或其他耕地交界处设置的大沟，防止茶园外部（主要是上方）的洪水侵入茶园，防止茶园周围树木、竹子或杂草的根系等的侵入。沟一般深 50～100 厘米，宽 40～60 厘米，如果不需截洪或隔离则不用开沟。二是地下水位高的茶园要设置明沟或暗沟排水，明沟深度要在 1 米以上，暗沟设在 1 米以下的土层中，用砖石砌成，或铺上卵石、碎砖块等，达到隔离地下水和排除渍水的目的。明沟省工费地，会影响机械耕作和田间管理；暗沟省地费工，有利于田间管理和整体园相。旱情严重的地区或山地还可以根据实际情况设置蓄水池和灌溉用水沟渠等。

3. 设置防护林和遮阴树

除了道路和水利等基础设施的配置外，还需要进行茶园防护林和遮阴树等配置，选择树种主要基于如下考虑：一是配置植物具有生态增容作用，即以较高大的乔木为宜，这样可以使茶园生态系统性形成明显的树冠层、灌木层（茶树）、枯枝落叶层和土壤层，大大增加生态系统的容量，为动物的生存提供更广阔的空间；二是配置的植物营养需求应有别于茶树，以减少营养竞争；三是配置植物具有荫蔽、调温湿、防风沙等调节茶园小气候的物理作用，通常以落叶阔叶树为佳，不能采用针叶树（树冠小，争肥争水能力强，针叶难以分解利用），在坡顶及迎风口种植防风林防止因风暴袭击茶园造成水土流失；四是要有助于控制病虫害，如对茶树害虫有驱避作用等；五是要有序混植，密度合理；六是茶园本身要考虑适当的品种搭配，增加茶园的抗逆性（阴天阻碍病虫害扩散，萌发时间差异减少霜冻寒害损失等）。

防护林主要是防止风暴和冻害，特别是对于山地茶园具有重要的保护作用，一般应选用茶区内的优势树种，且该树种与茶树无共同的病虫害、无根系有害分泌物，不影响茶树的正常生长发育，树种要求速生、抗风力强，如杉木、泡桐、樟树、合欢等，同时不可忽视上风口林木的保护。林带与茶行需隔开 2 米以上，中间开隔离沟。

遮阴树种的选择与配置应满足如下特征：根系集中在土层 50 厘米以下；除遮阴外，具有经济价值；树种根系分泌物呈酸性或弱酸性；发芽迟，秋冬落叶。应充分利用茶园四周的道路网，闲置的荒地边角地造林，但乔木树不能太密太稀，以免造成过分遮阴或漏光。随海拔升高，遮阴程度须相应减少，一般遮光度应当控制在 35%～40%。

二、茶树品种选择

完成茶园选址与规划、茶园开垦以后，就要选择合适的茶树品种准备种植。茶树品种的选择既要综合考虑地区适栽性和地方名优茶的适制性，也要考虑早、中、晚生等品种比例的合理搭配，错开采摘高峰，提高制茶机具的利用率，取得最佳的经济效益。

1. 良种选用原则

(1) 地区栽培适应性原则。在选用茶树品种时，必须对拟种植的茶树品种的适宜栽培茶区和栽培条件要求有充分的了解，可以根据茶树品种审(认)定，或选育资料和区域适应性试验结果进行判断，也可以通过实地考察，多听听育种人或单位的指导性意见，并对该品种在本地区或相似地区的栽培示范区进行详细考察，充分了解该品种的需肥特性、生长特性和鲜叶品质特点，确保该品种能够适宜当地气候环境或生态条件。

(2) 地方名优茶适制性原则。我国茶区较广，不同地区大都有自己的地方名优茶品牌，所生产的茶叶类型不同，如扁形茶、卷曲型茶、针芽形茶等，因此对茶树品种的要求存在着很大的差异；而且目前茶叶产业的主要经济效益来源于名优茶，提高名优茶品质是提高茶叶生产经济效益的重要途径。因此，选择的茶树品种必须适宜制作生产当地的名优茶茶类，如果加工当地的地方名优茶特色鲜明且品质较优则更佳。

（3）无性系、高抗、高产、优质和高效。无性系茶树品种具有萌发期一致、生长整齐、品质均一等特点，而且树相的高矮、大小也均一，便于田间管理、采摘的机械化作业和鲜叶原料贮运加工的机械化处理。所以，应尽可能选用无性系茶树优良品种，为今后高产、优质、高效生产奠定良好的基础。

选用的茶树品种，除了要求对当地气候、土壤等生态环境和茶类适制性较强以外，还应对当地主要病虫害具有较强的抗性。由于不同地区的主要病虫害种类不同，而不同茶树品种对不同病虫害的抗性也是有很大差异的，在选用茶树品种时，应根据当地病虫害发生情况和品种的抗性差异进行选择，选用那些对当地频发病虫害抗性强的优良茶树品种。此外，选用的茶树品种还应该对寒、旱具有较强的抵抗力。我国茶区纬度跨越幅度大，南北茶区之间的冬季平均气温和最低气温差异很大。北部茶区选用的茶树品种，必须具有很强的抗寒力。否则，茶树种植后容易在冬季低温时受冻而导致生产严重损失，这在我国早期“南茶北引”过程曾有过严重教训。另外，倒春寒发生频繁的江南茶区，不宜选择春茶萌发期过早而且抗寒力低的茶树品种。

高产、优质和高效也是一个重要的选用原则，选择的茶树品种相对于当地的主要栽培茶树品种来说应该具有产量优势和品质优势，这也是实现高效生产的基础。

（4）早、中、晚生品种合理搭配。选择的茶树品种应做到多种遗传特性的茶树优良品种合理搭配，即具有品种的多样性，避免种植单一茶树品种。在考虑品种搭配时，首先，要考虑不同茶类适制性的品种之间有合理的比例，因为茶叶消费市场和消费方式常常随着社会需求的发展而变化，为了使所在产区的产品对市场需求具有较好的适应性，其茶树品种搭配应该以适制当地当时主要茶类的品种为主，同时适制其他茶类的茶树品种也要有一定的比例。其次，春茶萌发期不同的茶树品种搭配比例应不同，避免春茶采摘“洪峰”过于集中；春茶萌发期早、中、晚的茶树品种比例，在不同产区的要求可以不同，以名优绿茶生产为主、春季倒春寒现象不严重的茶产区，早生茶树品种的比例可以高一些，反之亦然。同时通过合理品种搭配可以有效地缓和采制“洪峰”，减少因不能及时采收和加工而造成损失。再次，基地内茶树品种的抗逆性也应具有多样性，避免品种的单一性造成的某些病虫害快速蔓延和其他自然灾害的扩散，减少病虫害和其他自然灾害造成的损失。

2. 浙江省主要推广良种

浙江省推广良种主要有迎霜、龙井 43、龙井长叶、翠峰、浙农 113、浙农 117、乌牛早等。

迎霜。国家审定品种，由杭州农科院茶叶研究所育成。发芽早，春芽萌发期一般在 3 月上中旬，抗寒性强；发芽密度中等，育芽能力强，生长期长，全年可采至 10 月上旬；叶黄绿色，芽叶生育力强，叶质柔软，持嫩性强；产量高，红、绿茶兼制，尤其适制名优绿茶。

龙井 43。国家审定品种，由中国农科院茶叶研究所育成。发芽早，一芽一叶，盛期一般在 3 月中下旬；发芽密度大，育芽力特强，芽叶短壮，茸毛少，芽叶黄绿色，抗寒性尚强，但抗旱性稍弱，持嫩性较差，易受炭疽病危害；产量高，适制绿茶，特别适制龙井、旗枪等扁形茶类。

龙井长叶。国家审定品种，由中国农科院茶叶研究所育成。发芽早，春芽萌发期一般在 3 月中旬，一芽一叶，盛期在 4 月上旬；发芽密度较大，育芽能力强，芽叶黄绿色，茸毛较少，持嫩性好，抗寒性强，适应性广；产量高，适制绿茶，特别适制龙井类扁茶。

翠峰。国家审定品种，由杭州农科院茶叶研究所育成。发芽尚早，春芽萌发期一般在 3 月中下旬；发芽密度大，育芽力较强，芽叶较肥壮，茸毛特多，色翠绿，持嫩性一般；产量高，适制绿茶，尤适制毛峰类名茶。

浙农113。发芽尚早，春芽萌发期一般在3月中旬；发芽密度较大，育芽力强，茸毛多，抗逆性强，尤其抗寒性表现突出；产量高，适制绿茶和名优茶。

浙农117。芽叶生育力强，一芽一叶，盛期在3月下旬至4月初，产量较高；芽叶绿色，茸毛中等，育芽力强，持嫩性好，抗逆性强；适制名优绿茶。

乌牛早。浙江省鉴定品种，原产浙江永嘉。发芽特早，春芽萌发期一般在2月下旬至3月上旬，一芽一叶，盛期在3月中上旬；发芽密度中等，前期芽叶肥壮，茸毛中等，后期叶张较薄；持嫩性较强，抗逆性一般，产量尚高，适制绿茶。

三、茶园开垦与茶树种植

1. 茶园开垦

在做好茶园选址和道路、水利、防护林等的规划和配置后，接下来就可以进行茶园的开垦，要清除灌丛、草茅根、树头、树根及碎石头，适当保留不妨碍种茶的原生树木作茶园遮阴树。按确定的行距(1.5～2.0米)进行拉线定标，划出种植带，做到纵横整齐等距。画线最好以磷肥粉按等高标点划出种植带，既作标志又作园地施肥；种植沟的标准为50厘米×60厘米×70厘米(深×底宽×口宽)，由下往上开沟，杂草及表土回沟，亩施经无害化处理的农家肥1500～2000千克、磷矿物肥150千克作为底肥。种植沟经2～3个月的晾晒后，进行梯地修筑和种植沟回填。梯面宽2米时，植茶沟位置距内壁60厘米；梯面1.5米时，植茶沟位置距内壁40厘米，以使植茶沟处于梯面的中心位置，梯面外高内低，成3°～5°的内倾斜，梯地内壁成60°～70°的倾斜。茶苗种植沟的开挖宜在种植茶苗前一年的11月至次年的3月。

2. 深翻和施底肥

实践表明，茶树种植后能否快速成园及持续高产与种植前土壤耕作深度和是否施底肥有关。在一定范围内，土壤耕作越深，底肥越多，成园后茶叶产量越高，高产稳定年限越长。根据对杭州茶叶试验场的调查表明，深翻80厘米和50厘米、25厘米相比，茶叶产量分别增加36%和24%。又据四川省茶叶研究所试验场的资料，同样深翻80厘米，施底肥多比施底肥少增产幅度大，如施堆肥150吨/公顷＋过磷酸钙3.5吨/公顷与施堆肥60吨/公顷＋过磷酸钙3吨/公顷相比，前者茶叶产量提高29%。

由于茶树种植后，肥料很难施入到底层土壤，常使茶园土壤表现为表土肥力水平较高，而底土则相当贫瘠。底肥的施用可以改良底层土壤的理化和生物性状，加速土壤熟化，提高土壤整体的肥力水平，诱导茶树根系向深处发展。茶树种植沟的深度应在30厘米以上，宽度因种植方式不同而异，单条栽30厘米，双条栽适当加宽至50厘米以上。底肥以有机肥为主，配施磷肥。有机肥以纤维素含量较高的农家有机肥，特别是厩肥和堆肥等改土效果较好。由于我国茶园土壤，特别是红黄壤茶园土壤，磷素营养严重不足，加之磷的移动性较差和不易淋溶损失等，在底肥中磷肥必不可少。考虑到茶园土壤呈酸性，磷肥的品种以缓效性的磷矿粉和钙、镁、磷肥为宜。底肥的数量一般要求每公顷施农家肥150吨以上，磷矿粉或钙、镁、磷肥3吨以上。

3. 茶树种植规格

不同类型的茶树品种，由于分枝习性，树姿、树势的差异，种植规格有所不同。对于灌木型和小乔木型茶树，适宜于单行条栽或双行条栽，单行条栽的行距为1.5米，丛距为0.33米左右，每丛2～3株；双行条栽的大行距为1.6～1.8米，小行距和丛距分别为0.3～0.4米，每丛1～2株。一般平地和缓坡土壤条件相对较好，土壤肥力和今后的管理水平较高的茶园可适当稀植；对于土壤贫瘠或管理水平较低的茶园，应适当密植或增加每丛的株数，但以3株为限。20世纪80年代推广较多的速成密植茶园(三条栽或以上)茶树密度过大，虽然茶园投产早，早期产量较高，但后期因个体发育不良，施肥困难，茶树易衰败，产量较低，且由于茶园内通风透光差，病虫危害较严重，不利于茶叶生产的可持续发展。目前，已属淘汰之列。

4. 茶苗移栽与定型修剪

茶苗移栽期，主要是选择茶苗地上部的休眠期，此时茶苗蒸腾作用较弱，移栽成活率高。另外，应根据气候特点，避免在干旱和严寒时移栽。所以，茶苗移栽的适宜时间是秋末冬初和早春2～3月。

为提高茶苗的成活率，移栽前起苗尽量多带土，并缩短途中运输的时间。茶苗应种在底肥沟的正上方，同时，茶苗定植时须一手扶住茶苗，一手覆土至接近茶苗的泥门，然后用手轻轻向上提茶苗，使茶苗根系舒展，再压紧根际土壤，定植后充分浇水，然后再向根茎部覆土至茶苗泥门，以避免形成凹陷而积水。移栽后应根据茶苗生长情况及时打顶或离地 15 厘米进行第一次定型修剪。

第二节　茶园管理技术

一、茶树修剪

茶树修剪是在茶园土、肥、水综合管理的基础上，根据各地自然条件、树龄、品种生长习性，对茶树树体营养物质的分配和运转进行适当的控制和调节，使养分得到合理的利用和分配的一种措施。但必须与肥水管理密切配合，与采留叶相结合，并注意病虫害防治，才能达到茶树修剪后恢复快、生长好的目的。

1. 修剪基本方法

(1) 定型修剪。幼龄茶树的第一次定型修剪，其高度和枝条粗度,对以后分枝强弱、多少关系密切。依照灌木型茶树分枝习性,二足龄茶树苗高在30厘米以上,主茎粗达3～4毫米,并有一两个分枝时,即可进行第一次定剪,修剪高度以离地15～20厘米为宜(见图2-1)。生长较差的茶苗,虽有二足龄,但长势未达到标准,应考虑推迟定型修剪。部分土层深厚、管理水平较好的茶苗,在一足龄时已达标准,也可提前一年定剪。第一次修剪必须仔细,只剪主枝,不剪侧枝,剪位应离下位叶较近,不要留桩太长。剪口向内侧倾斜,尽量保留外侧的芽位。经第一次定型修剪后,只要加强管理,茶苗很快会抽发旺盛的新枝。第二次定型修剪高度可在第一次剪口上提高15～20厘米。第三次定型修剪高度在第二次剪口上提高10厘米左右。这样连续通过三次定型修剪,茶树骨架枝高度就可达到40～50厘米。连同主茎形成4～5层分枝,在此基础上再进行轻修剪,结合打顶轻采,进一步培养树冠和采摘面。

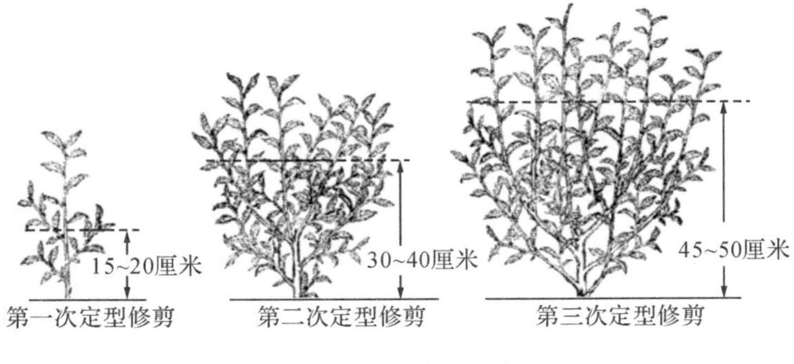

图2-1　定型修剪示意图

小乔木型茶树顶端优势强,茶树新梢伸长较旺、节间长,不宜采用灌木型茶树的定型修剪方法,而应尽可能采用分段修剪的方法。当茶苗生长符合以下三个标准之一者即可进行定型修剪:①主茎粗4～5毫米,长度20厘米以上;②长叶7～8片;③枝条木质化或半木质化。

具体做法是:第一次定剪仍在苗高30厘米左右,枝粗4毫米以上时，从离地12～18厘米处剪去，第一次剪后，长到20厘米以上并有2～3个分枝时，开始分段修剪，每隔20～40天剪一次，一年内剪5～7次(实际上同一枝条可达2～3剪次)。每次只剪符合标准的枝条数1/3～1/2，修剪枝留桩长度从分枝杈口延长8～12厘米，中心枝要强剪，只留8～10厘米，旁侧枝要轻剪，留10～12厘米，压主扶侧、剪强养弱，如此进行两年，离地高度达60厘米左右，这时再剪一次，剪子树冠面。此后只剪顶端优势特强的枝条，同时结合留叶采摘，清理无效枝，养成平衡、较密的蓬面生产枝层。

幼龄茶树树冠养成过程中骨干枝和骨架层的培养主要靠三次定型修剪。在采摘技术上应实行“分批留叶”，要多留少采，做到以养为主，采摘为辅，实行打顶轻采。

在生产实践中应注意两种倾向：一种是只顾眼前利益，不考虑茶树长势和实现高产稳产的基础，急于求成，不适当的早采、强采，造成树势早衰，产量始终上不去，茶树难以封行；另一种是该采的不去采，实行封园养蓬，结果也达不到目的。在幼龄茶园管理上要力求避免这两种倾向。

(2) 轻修剪。轻修剪是在定型修剪的基础上进行的整形修剪，目的是继续培养树冠和采摘面。剪位一般在上年剪口上提高4～8厘米，春茶留叶采摘的，留春梢，剪去夏、秋梢；春茶不留叶而夏茶留叶的，剪去夏、秋梢所留真叶以上的梢位；如春、夏茶都留叶的，则以树冠面净增高度为准，不宜留桩过高。轻修剪用水平剪一次剪平，剪口要平滑，修剪时期宜在秋末或早春地上部休眠期进行。修剪后应加强茶园肥培管理。

近年来，为了提早春茶开采，增加春茶产量，各地茶区改以往的每年轻修剪为隔年或隔两年以上轻修剪，春茶留鱼叶采，使春季名优茶大幅度增加，以提高经济效益。

(3) 深修剪。主要是剪除鸡爪枝、冗生枝、枯枝，促使萌发新枝，组成新的生产枝层，提高育芽能力。一般深修剪周期常在5

年以上，进行一次深修剪后若干年，当树冠面生产枝层再次出现衰老情况时，则应再次进行深修剪。深修剪剪度较深，一般降低冠面15～25厘米。修剪常在春茶采后进行，这样可获得一季春茶。剪后当年须停止采摘，养蓄树势，待次年树冠生产枝重新组成后才可采茶。如果秋末进行深修剪的，则第二年春茶应留养一季，夏茶再开始采茶。深修剪常用台刈铗进行，也可用较锋利的篱剪，但剪口一定要平滑(见图2-2)。

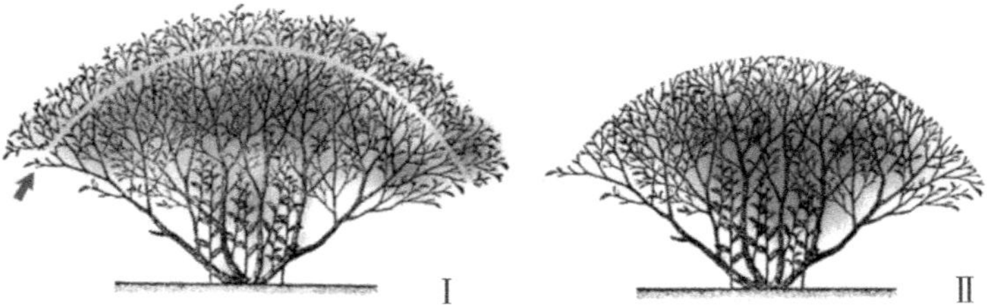

图2-2　深修剪示意图

(4) 重修剪。适用于衰老茶园中主枝尚强壮，一、二级分枝也较壮实，而上层分枝零乱细弱的茶园和未老先衰的茶园(见图2-3)。重修剪的剪位一般离地40厘米左右，剪后只剩下主枝和一、二级分枝。茶丛中个别特别衰老的枝条，可先用台刈铗将其从根部剪去；同时剪去自然更新枝中的细弱枝条，保留健壮的更新枝。一般在春茶采摘后的休止期进行重修剪，用锋利刀具或台刈铗逐枝切割，切口必须光滑平整略呈斜面，剪后必须重施肥料。

重修剪　　台刈

图2-3　重修剪与台刈

(5) 台刈。主要是针对树势严重衰老的茶树，从根茎处(离地5厘米内)割去全部树冠，使根颈处的不定芽萌发组成新的树冠。留桩不能过高，不然发芽不壮，新枝纤细。台刈用锋利的刀割除，粗大的枝条用锯锯断，切忌破损，避免桩口腐烂，影响发育。有的衰老茶树从根颈部已萌生许多自然更新枝，如这些枝条较粗壮，而同株其他枝条已十分衰老，可用抽刈办法，剪老留壮，利用留下的更新枝条进行定型修剪，组成新的树冠。台刈时间最好在春季进行，使新枝通过一年生长达到木质化，在次年便于进行定型修剪。台刈必须结合改良土壤和重施有机肥，才能达到预期效果。

2. 茶园机械化修剪技术

近年来，随着农村人口向城镇和第二、三产业方面转移，部分茶区农业劳动力越来越紧张，因此推广茶园机械化修剪技术已迫在眉睫。现将其技术总结整理如下。

(1) 茶园机械化修剪的好处。与手工修剪相比，机剪的主要优点：①提高功效，不误农时。手工修剪1公顷成年茶园需用工30个，而1部机械两人操作日修剪量为0.7～1公顷，可提高功效10倍以上。这样有利于在全年茶园最佳修剪期完成此项工作，不误农时。②可明显改变园相。机剪可使采面平整，便于茶园管理和采摘，因此机械采摘茶园必须先机剪。③节约修剪成本。机剪直接成本(人工工资、维修费、油耗等)约150元/公顷，是手工修剪的30%。④降低劳动强度。可以把茶农从繁重的体力劳动中解脱出来。

(2) 机械化修剪应选择的机种。轻、深修剪可选择国产的双人抬式修剪机或日本进口川崎双人抬式修剪机。国产机价格适中，易配件，但耐用性差；进口机价格高，耐用，配件难配，两种机型使用效果基本相同。台刈和半台刈修剪应选择茶园台刈专用机。

(3) 适宜机剪的茶园类型。现有茶园修剪机适合对茶园进行一年一度的轻修剪和3～5年一次的深修剪。轻修剪是每年整齐茶树、采摘蓬面,促进腋芽形成和生长,便于采摘和减少花果的一种轻度修剪方法。要求修剪程度要轻,仅剪去蓬面突出枝,以剪平为度,且剪口每年需提高2～3厘米,以便保持一定厚度的绿叶层。茶树经过几年采摘和轻修剪后,树冠上会形成很多浓密的细小衰退分枝(俗称鸡爪枝),影响产量和品质。深修剪是每隔4～5年剪去蓬面上10～15厘米深的一层"鸡爪枝"。要求修剪量大,不留或少留绿叶层,剪面平整、整齐,以达到恢复树势,提高育芽能力的目的。

(4) 茶园机剪的时间。轻修剪的最佳时间为停采封园后的9月底至10月中旬,一般以剪后伤口能愈合、腋芽能形成但不萌发为最适时,过早腋芽萌发,过迟伤口愈合均不好,会推迟春茶萌芽时间;春茶结束后的4月下旬至5月也可进行轻修剪。深修剪最佳时间为高、中档春茶采后的谷雨至小满,也可在春茶前的立春到惊蛰期间修剪。台刈和半台刈的最佳时间在春茶萌发前的2月中旬至3月上旬进行,还可在春茶采后及时进行。

(5) 茶园机剪的方法。对需机剪的茶园应先清除直径在1厘米以上的茶枝和枯桩,以防损坏修剪机械。机剪操作手应全面了解机械性能,熟练掌握使用方法;副手要求身体强壮、技术熟练。使用的汽、机油不得含有害物质,如铅等。修剪时深度要适宜,运行要平稳,速度要均衡。

(6) 茶园机剪后的配套管理。茶园机剪后需要进行以下的配套管理:①增施肥料,促发新梢。对深修剪或台刈茶园必须迅速补充肥料,一般配合浅耕除草松土每亩施尿素20～30千克或者有机生物肥30～40千克。②可用修剪的枝梢就地覆盖或用作物禾秆覆盖茶园空行,保水增肥,促进新梢萌发生长。③注意防治病虫害。修剪后及时喷一次浓度较高的杀虫药剂,避免害虫危害新梢。④深修剪的茶园萌发新梢后要留3～5厘米再进行一次轻修剪方可正常采摘。

二、肥培管理

肥培管理主要为松土和施肥两项工作。一般每年浅耕三次，在每季茶开采前进行，结合除草，深度为10～15厘米；每年入冬前深耕一次，结合施基肥，深度为15～20厘米。施肥分追肥和基肥，追肥每年三次，在每季茶开采前结合浅耕进行，以速效性氮肥为主，数量视茶园产量而定；基肥在10～11月施用，以农家肥为主，一般每亩施枯饼100千克、磷肥或复合肥50千克。无论追肥或是基肥，均应开沟施入，盖土。

1. 幼龄茶园

追肥时间与用肥量依苗龄而定，一般一龄茶树全年亩施标准氮肥5千克左右，于春茶前或春茶后一次施入；二龄茶树全年施标准氮肥10千克左右，春茶前施60%，春茶后施40%；三四龄茶树全年亩施标准氮15千克左右，可于春茶前、春茶后、夏茶后分别施50%、30%、20%；五六龄茶树则根据开采后产量，每生产干茶100千克则施用纯氮20千克左右。

2. 采摘茶园

施肥要推广"一基"、"三追"的方法。"一基"即在每年10月中旬至11月上旬茶树地上部生长休眠时，在茶棚垂直下方开深20～30厘米的施肥沟，也可结合秋冬茶园深耕时开沟施肥，施入全年施肥量的40%～50%氮肥和全部磷、钾肥，肥料以有机肥为主，如饼肥、猪牛栏肥、堆沤肥、人粪尿、茶叶专用肥等，配合施用磷、钾肥。"三追"即在春茶开采前一个月，春茶采摘后及秋茶采摘前15～20天，分别追施速效性化肥，春茶前的催芽肥用肥量约占三次追肥总用量的40%～50%，其余夏、秋茶各占追肥量的25%左右。

3. 春茶期间肥培管理

(1) 巧施春肥。常言道："有收无收在于水，多收少收在于肥。”冬肥是全年增产的基础，春肥是当年增产的关键，施春肥必须因地制宜，适时进行，用量时间及要求，应视其不同茶园灵活掌握，一般幼龄茶园亩施专用肥、复合肥15～25千克，成龄茶园亩施专用肥、复合肥50千克，肥料以速效氮含量高的专用肥为主，春芽肥在2月下旬完成为好，最迟不超过3月中旬。施肥方法必须是开沟施入，防止挥发肥效损失。

(2) 浅耕松土。加强茶园田间管理，冬季久旱不雨会对茶园田间管理造成一定影响，待下雨过后，各茶区应抓住有利时机，在3月上中旬以前，对茶园普遍进行一次浅耕松土，这是春茶增产的重要措施之一。浅耕松土使土温回升快，有利于春茶提早萌发。同时及时清除茶园周边杂草，减少杂草滋生，降低虫源，确保茶园生态环境。

4. 合理施肥

农谚说:“百斤茶，千斤肥”，“作物像枝花，全靠肥当家”。据分析，从茶树上采下的50千克鲜叶，就要从土壤中带走氮0.6千克、五氧化二磷0.15千克、氧化钾0.285千克。我们施下的肥料并不能完全被茶树吸收，有的肥料气态逸失，也有的在土壤中被其他金属离子固定和流失。肥料在红壤中的利用率是氮约50%、磷约20%、钾约45%，由此推算出每生产50千克干茶需要纯氮5～6千克、五氧化二磷2～5千克、氧化钾2～5千克。随着单产提高，茶园施肥量就要相应增加，但也要注意施肥方法不当或单位面积上施肥过多，也会造成肥害，降低茶叶产量。

茶园施肥要推广“一基、三追、多喷”的好办法，在每年10月中旬至11月上旬茶树地上部生长休眠时，在茶棚垂直下方开深20～30厘米的施肥沟，也可在秋冬茶园深耕时开沟，结合施肥；施入全年施肥量的40%～50%氮肥和全部磷、钾肥。这次施肥对翌年春茶增产关系很大，肥料以有机肥为主，如饼肥、人粪尿、堆沤肥、猪牛栏肥、土杂肥、塘河泥等，配合施用磷钾肥、复合肥等。

“三追”是在春茶开采前一个月，春茶采摘后及秋茶采摘前

15～20 天，分别追施速效性化肥，这三次施肥量占全年氮肥用量的 50%～60%。要重点施好春茶前的催芽肥，催芽肥用量约占三次追肥总用量的 40%～50%，其余夏、秋茶各占追肥量的 25%左右。在秋茶产量多的地区，也可分四次追施，夏、秋茶间也可用尿素等进行根外追肥；施追肥时，也应在茶行间挖 15 厘米左右的浅沟，施肥后要立即复土，以防养分流失。

“多喷”是指在茶树生长季节，尤其在夏、秋茶季节，用化肥及其他抗菌肥等作根外喷施。常用的有 1%硫酸铵、0.5%尿素溶液等，效果良好。一般都在晴天早晨露水干后、傍晚或阴天喷施，一定要喷湿叶面叶背，以便吸收，喷施时间以茶树一芽一叶初展期效果最好。

当前，我国茶园施肥水平普遍偏低，重要的是开辟肥源，采取“养、种、积、施”多路并举的方法。

“养”就是提倡茶园办畜牧场，因地制宜地在茶园养殖羊、猪、兔、鸡等，用猪羊兔鸡栏肥园，增施肥料改造茶园。

“种”就是在幼龄茶园，在茶行未封园前配套种植冬季或春、夏季绿肥，适时翻埋，这样连种数年，就能大大提高茶园肥力。

“积”就是积土杂肥，通过沤制，肥效更好。还可割茅草、树叶覆盖茶行，腐烂后埋施；也可冬春空闲时间挑塘泥、阴沟泥、积垃圾、肥泥客土回园。

“施”是根据各种茶园科学地施用化肥，同时以推广有机肥为主，科学地交换施用不同种化肥。以复合肥（复混肥）和复合有机肥为主施用，以保证生态平衡和生产茶叶的绿色和有机。

5. 土壤耕作

茶园土壤耕作能够疏松土层、减少根系生长过程中的机械阻力，增强土壤通透性和蓄水能力，切断土壤毛细管道，降低土壤水分蒸发。耕除杂草、避免杂草与茶树争水争肥及茶园病虫害的滋生蔓延。耕作中配合施有机肥，利于土壤熟化，为高产优质创造基础条件。同时，应注意不当耕作会造成坡地茶园土壤的冲刷，加速土壤有机质的消耗，在损伤较多根系的情况下，还会严重影响茶叶产量，这样就失去了耕作的意义。

在耕作技术下应掌握：(1) 彻底除去杂草、力求把杂草埋入土中做肥。(2) 根据茶树根系的生长情况，选择合适的耕作深度和范围，少伤根系，并结合施肥使伤根快愈。(3) 选择适当的耕作时间，配合铺草覆盖等管理措施，防止水土流失，让耕作发挥最大效益。

土壤耕作具体分浅耕和深耕两种。

(1) 浅耕。一般耕深 10～15 厘米，茶行中部土壤可耕深些，而靠近茶头部分则应浅些，幼龄茶树由于根系分布浅则更应浅些。浅耕目的是疏松土壤、耕除杂草，大约每年进行 2～4 次。若每年进行 3 次的可在二三月春茶萌发前(惊蛰至春风)、五六月春茶采后(小满至芒种)和七八月夏茶采后(小暑至大暑)，选择晴天结合施追肥进行。多雨季节，浅耕锄下的杂草容易再生复活，把草分堆埋入土中效果好。一般选雨后旱前进行可以减少土壤水分蒸发，耕除后吸收更多的雨水供茶树利用，可以达到抗旱目的。茶园梯壁上的杂草一般以拔除或刈除为宜，不宜削除，否则会导致梯壁逐年内移或崩塌。同时对于一些匍匐性藤蔓植物要加以保护，以免土壤侵蚀。耕作时，用四齿耙可以少伤根，采用机械耕除的可选用 C-12 型茶园耕作机。

(2) 深耕。深耕结合施有机肥，有利于土壤熟化、根系下扎，增加土壤孔隙，提高蓄水力。一般每年只进行一次或隔年进行一次，也可用隔行深耕的方式，两年完成。在每年茶季结束后早进行深耕，配合施有机肥，可使受伤根系在翌年春茶萌发前基本恢复。一般耕深 20～30 厘米，结合开基肥沟。幼龄茶园深耕部位应距茶树远些，近茶头的土壤耕浅些。衰老茶适当地多除去部分粗老侧根、多施肥，可促进新根再生，更新茶树。

茶园覆盖时应注意：①茶园铺草是项简单易行的土壤管理措施，凡有草料来源的地方都可采用。如山野青杂草、稿秆、芦苇、树皮、木屑、落叶等均可就地取材。茶园铺草可以防止土壤冲刷，增加土壤有机质和养分来源，防止杂草生长，保蓄土壤水分和稳定土温等作用，能提高茶叶品质和产量。铺草厚度应达10厘米以上，每亩用干草1000千克以上，如草料不足，也可在幼龄茶园及增产潜力大的茶园上应用，铺草腐烂后也可埋入土壤增加有机质。②地膜覆盖特别对幼龄茶园的保苗全苗有一定作用。早春地膜可提高土温，利于茶树萌发生长；此外，地膜可防止杂草生长，集中养分供应幼树生长；地膜还能提高茶叶品质，但因地膜价格高，成本高较难全面推广。

三、病虫防治

绿色食品茶园的病虫防治，要本着改善生态环境、保护天敌、控制病虫草害、预防为主、防重于治的原则。可采用农业、生物及物理等各种综合防治措施，创造不利于病虫草害孳生有利于各类天敌繁衍的环境条件，以保持农业生态系统的平衡和生物的多样性，减少各类病虫草害所造成的损失。

1. 防治措施

(1) 农业防治。主要是通过合理采摘、适度修剪、中耕除草、秋冬季深翻晒土、清洁茶园、技术施肥、适当间作、苗木检疫、选用抗病虫性强的良种等农业综合措施来改变茶树生长环境，增强茶树“体质”，控制或减少病虫发生与危害。

(2) 物理防治。采用人工或机械捕杀，减轻茶叶害虫危害，还可利用害虫的趋性进行灯光诱杀、色板诱杀或异性诱杀。

(3) 生物防治。保护和人工繁殖释放茶树害虫天敌或采用微生物源农药、矿物源农药进行防治。微生物源农药有多抗霉素、井冈霉素、农抗120、浏阳霉素、苏云金杆菌、除虫菊素、鱼藤根、烟草水、大蒜素、苦楝等。矿物源农药有石灰硫合剂、波尔多液、硫酸铜等。作用包括三个方面：一是利用天敌防治害虫，如利用食虫昆虫、蜘蛛、捕食螨、寄生蜂、食虫鸟和两栖类动物等。二是“以菌治虫”,即利用昆虫病原微生物来防治害虫,如利用白僵菌871防治茶丽纹象甲,利用韦伯虫座孢菌防治黑刺粉虱、椰园蚧,利用茶毛虫病毒制剂防治茶毛虫等。三是“以菌治病”,即利用某些微生物对植物病原菌的拮抗作用来防治病害,如利用农抗101防治茶云纹叶枯病等。

(4) 化学防治。生产AA级绿色食品茶叶,禁止使用各类有机合成的农药及生物源、矿物源中混配有机合成农药的各种制剂,根据需要允许使用的农药有除虫菊素、鱼藤根、烟草水、大蒜素、苦楝等以及石硫合剂和波尔多液,但这两种药剂应在封园后使用,不宜在茶叶采收季节使用。允许限量使用的农药有苏云金杆菌、井冈霉素、农抗120、多抗霉素、浏阳霉素等。生产A级绿色食品茶叶,允许限量使用限定部分低毒和中等毒性的有机合成农药,严禁使用剧毒、高毒、高残留或具有三致毒性(致癌、致畸、致突变)的农药,如:滴滴涕、六六六、对硫磷、甲基对硫磷、甲胺磷、乙酰甲胺磷、氧化乐果、五氯酚钠、杀虫脒、克百威、三氯杀螨醇、水胺硫磷、氰戊菊酯等。

(5) 植物检疫。通过检疫,防止外地有而本地没有的病虫侵入本地,或本地有而外地没有的病虫向外地蔓延的做法,称为植物检疫。植物检疫可防止当地发生新的病虫,防止病虫随苗木调运而传播、蔓延。

(6) 综合防治。把以上各种防治方法作为一个整体,在因地制宜的前提下,掌握重点,取长补短,密切配合,力求达到“防重于治”,安全有效地防治病虫害的目的。

2. 科学用药

(1) 茶园用药的特点。

第一,茶树是一种多年生的叶用经济作物,全年要求分批多次采摘鲜叶,采摘间隔期短,一般春茶3～5天,夏秋茶10天左右采摘一次。所以要求所用化学农药的残留期要短,一般为7～10天。

第二，茶树的收获部位（嫩芽、嫩梢）就是药剂的主要接触部位，采收的鲜叶未经任何洗涤处理便直接加工成茶，以及成茶饮用时直接用开水连续多次冲泡，其中的农药残留成分均有较多机会直接被提取到茶汤中。此外，农药的残留、异味等也可能影响到茶叶的色、香、味，所以必须科学用药。

（2）科学用药主要措施。

一是正确选择农药品种。根据不同的防治对象，合理选用农药，大力推广高效、低毒、低残留农药（见表 2－1）。茶小绿叶蝉：主要为害幼芽，可用赛丹、功夫、吡虫啉、白僵菌制剂等药剂防治。茶丽纹象甲：主要以成虫咬食叶片，严重时全园残叶秃脉，可用白僵菌、杀螟丹、联苯菊酯药剂防治。茶黑刺粉虱：主要以幼虫在茶树中下部叶背，固定吸汁为害，其排泄物诱发煤烟病，致使被害枝叶发黑，可用吡虫啉、粉虱真菌防治。茶毛虫、茶尺蠖：以蚕食叶片为主，为害高峰期为春、秋两季，可用功夫、Bt 制剂、除虫脲、天王星等防治。茶天牛、吉丁虫：可用锐劲特悬浮剂对茶茎、秆喷雾。茶叶螨：主要以成若螨吸食成叶及嫩叶汁液，可用克螨特、四螨嗪、天螨灵防治。茶小卷叶蛾、茶细蛾、茶刺蛾：可用苦参碱、溴氰菊酯、氯氰菊酯等防治。茶树病害主要有茶芽枯病、茶白星病、茶饼病、茶云纹叶枯病、茶炭疽病，可用石灰半量式波尔多液、苯菌灵、甲基托布津、百菌清、多抗霉素、多菌灵进行防治。

二是严格遵守农药安全使用准则。尽量少用有机合成农药或轮换使用有机合成农药，提倡使用生物源农药和矿物源农药。一种农药一年中最多允许使用一次，并严格执行农药安全间隔期，其安全间隔期不得低于 10 天。

三是掌握农药使用技术。农药的使用不可随意加大用药量和药液浓度，喷雾防治应全面、均匀、周到，有些害虫如叶蝉、螨类、黑刺粉虱均在茶叶叶背为害，喷药时务必喷湿叶背。

表 2-1　茶园常用农药的用量及安全间隔期

类别	农药名称	防治对象	使用剂量（毫升/亩或克/亩）	稀释倍数	安全间隔期(天)
杀虫剂	2.5%鱼藤酮乳油	茶毛虫、茶尺蠖、茶蚕、卷叶蛾类、蓑蛾、刺蛾、小绿叶蝉、黑刺粉虱、茶蚜	150～250	300～500	7
	0.2%苦参碱乳油	茶黑毒蛾、茶毛虫、茶尺蠖	50～75	1000～1500	5
	0.3%印楝素	鳞翅目幼虫、蚜虫、飞虱	100	1000	5
	10%吡虫啉可湿性粉剂	叶蝉、粉虱、蚜虫	10～15克	2000～3000	7～10
	10%氯氰菊酯乳油	鳞翅目幼虫、叶蝉、蚜虫	20～25	3000～4000	7
	2.5%联苯菊酯乳油	鳞翅目幼虫、叶蝉、粉虱、茶短须螨	12.5～25	3000～6000	6
	2.5%三氟氯氰菊酯乳油	鳞翅目幼虫、螨类	25～35	2000	5
	2.5%溴氰菊酯乳油	鳞翅目幼虫	12.5～15	6000～8000	5
杀螨剂	20%四螨嗪	橙瘿螨、叶瘿螨	50～75克	1000	10
	75%克螨特	橙瘿螨、叶瘿螨、跗线螨螨类	40～45	1500～2000	10
	45%石硫合剂	蚧类、叶茎病	500～750	100	非采摘期使用
杀菌剂	甲基托布津	茶树叶、茎病	50～100	1000～1500	10
	百菌清	炭疽病、茶饼病、红锈藻病	75～100	800～1000	10
	多菌灵	茶树叶病	75～100	800～1000	7～10
	波尔多液	茶树叶、茎病	0.6～0.7	石灰半量式	非采摘期使用
除草剂	10%草甘膦	马唐、狗尾草、车前等	500～75毫升加水50～75升		
	20%百草枯	1～2年生单子叶或双子叶杂草	150～250毫升加水30～50升		

四是适时用药。做好病虫预测预报，掌握病虫发生情况，确

定病虫防治适期。如小绿叶蝉应掌握在若虫盛期，茶毛虫、茶尺蠖宜在3龄幼虫前期，黑刺粉虱应在卵孵化盛末期，茶小卷叶蛾、茶细蛾、茶刺蛾、茶黑毒蛾掌握在1～2龄幼虫期，茶丽纹象甲在出土盛末期，茶螨类、茶蚜在发生高峰期前(一般5月上、中旬和9月中、下旬)。病害宜在发病初期用药。

五是实行轮换、混合用药。一种农药连续多次使用，易使病虫产生抗药性，导致防治效果下降。实行农药的轮用、混用，不仅能起兼治或增效的作用，而且能延缓抗药性的产生，若能与生物农药混用，则效果更佳。如防治茶丽纹象甲用巴丹与白僵菌871菌粉混用，防治茶毛虫用低浓度敌敌畏农药与茶毛虫病毒制剂混用，防治茶黑刺粉虱用扑虱蚜与韦伯虫座孢菌粉混用等。

六是保证喷药质量。正确掌握用药量和药液浓度，一般在树冠大、高山、阴天、气温低、虫龄大或病情重的茶园应适当增大浓度，反之则小些，一般亩用药液量在50～70千克。正确掌握药剂的配制稀释方法，宜采用“二次稀释法”，如配制1000倍液，应先配成50倍“母液”，搅拌均匀后再加入其余的水配至1000倍。注意用药的均匀周到，叶蝉、螨类和黑刺粉虱幼虫均在茶树叶背为害，喷药时务必喷湿叶背。

七是严格禁止使用剧毒、高残留农药，如三氯杀螨醇、甲胺磷、水胺硫磷、六六六、滴滴涕等。目前茶园限量使用的农药有：乐果、辛硫磷、马拉硫磷、敌敌畏、螨酮、灭螨灵、克螨特、灭扫利、溴氰菊酯、氯氰菊酯、功夫、天王星。

要正确看待防治效果，不要片面追求防治百分率，要从生态学观点和农业生产经济效益上去看待防治效果，不要单纯依赖化学药剂，不要片面追求高的防治百分率。

3. 茶树主要病虫害防治技术

(1) 主要病害防治。

①叶枯病。加强茶园管理，增施肥料，搞好抗旱、防冻及治虫工作，冬季清除并深埋落叶；在发病初期可选用50%多菌灵或

75%百菌清1000倍液、多抗霉素100ppm进行喷雾防治。在停采园、幼龄园或萌芽前可喷洒0.6%～0.7%石灰半量式波尔多液。

②叶斑病。增强树体抗性，增施肥料，清沟排水，合理采摘，搞好防冻、抗旱，有条件的夏季实行茶园灌溉、铺草、遮阴等，增强土壤保水性；在停采和休眠期可喷施0.6%～0.7%石灰半量式波尔多液；发病初期喷25%灭菌丹400倍液或50%甲基托布津800～1000倍液。

③炭疽病。选用抗病品种，加强树势培养管理，雨季做好排水降湿工作、药剂防治。在发病初期可选用75%甲基托布津1000倍液、50%苯莱特1500倍液喷雾，有较好的治疗效果；75%百菌清1000倍液有良好的保护作用。

④巨星病（赤星病）。加强树体管理，增施磷、钾肥，可明显减轻发病，及时合理地进行采摘可减少病菌侵入寄主。历年发病重的茶园可在萌芽至鱼叶展开期喷药防治，药剂可选用80%代森锌800倍液、50%多菌灵1000倍液、70%甲基托布津1000～1500倍液；发病严重的茶区，7～10天后再喷一次，共2～3次，效果较好。

⑤茶饼病。病区加强茶园管理，勤除杂草，砍代遮阴树，分批多次及时采摘，增施有机肥，促使树势健壮。在病害发生期，可选用15%粉锈宁800～1000倍液喷雾或50%甲基托布津800～1000倍液、2%多抗雾素100ppm及75%百菌清600～1000倍液喷雾；非采摘园或休眠期可使用0.6%石灰半量式波尔多液；非病区在调运苗木时，须严加检查，防止病害进入新区。

（2）主要害虫防治。

①茶尺蠖。第一，捕杀成虫。每天上午9时前人工捕杀静栖在茶园周围树干、墙壁和茶丛间的成虫，效果很好；结合耕作深埋或拣除虫蛹；烧杀产在树皮裂缝和墙壁裂缝中的卵堆。第二，生物防治。在1、2龄幼虫期，每亩喷施100亿多角体（或30～50头虫尸）的核型多角体病毒或每毫升含孢子1亿的杀螟杆菌。第

三，药剂防治。抓住3龄前幼虫喷洒10%二氯苯醚菊酯、2.5%溴氰菊酯、20%杀灭菊酯、5%灭打利、10%天王星各4000～6000倍液，或80%敌敌畏、90%敌百虫、50%辛硫磷、50%杀螟硫磷、90%巴丹各1000～1500倍液。

②茶毛虫类。第一，捕杀防治。每年11月至翌年4月，人工摘除越冬卵块；摘除各代初孵幼虫群；成虫发生期点灯诱蛾或利用性激素诱杀雄蛾；结合耕作深埋结茧虫蛹。第二，生物防治。利用茶毛虫黑卵蜂和绒茧蜂防治卵块和幼虫，幼虫期喷洒苏芸金杆菌或茶毛虫核型多角体病毒。第三，药剂防治。幼虫期喷施90%敌百虫、80%敌敌畏、50%马拉硫磷、50%杀螟松、50%辛硫磷各1000～1500倍液，或10%二氯苯醚菊酯、20%杀灭菊酯、2.5%溴氰菊酯各5000～6000倍液，或25%灭幼脲1000倍液。

③刺蛾类。第一，捕杀防治。结合茶园耕作击碎枝干上的虫茧；灯光诱杀成虫。第二，生物防治。幼虫期用每毫升含0.5亿孢子的青虫菌液喷杀，也可与白僵菌混用。在病毒流行期，可收集病死的虫尸，直接用水研碎加水喷施。第三，药剂防治。幼虫期用90%敌百虫、50%辛硫磷、50%马拉硫磷、50%杀螟松、25%亚胺硫磷、80%敌敌畏等1000～1500倍液或2.5%溴氰菊酯、20%杀灭菊酯等5000～6000倍液喷施。

④茶蓑蛾类。第一，捕杀防治。及时摘除有虫护囊，带出园外集中消灭；发现危害中心及时剪除，严防扩散。第二，药剂防治。在幼龄幼虫期喷洒90%敌百虫、80%敌敌畏、50%杀螟松800倍液或20%杀灭菊酯、2.5%天王星4000～6000倍液。喷药时注意将护囊喷湿。

⑤叶蝉类。第一，除草防治。加强茶园管理，及时清除杂草；分批多次及时采摘，可除去大量产在嫩梢内的卵粒，恶化成、若虫的食料。第二，药剂防治。可选用40%乐果、50%马拉硫磷、80%敌敌畏1000～1500倍液或25%优乐得1500～2000倍液；也可用20%杀灭菊酯、10%天王星5000～6000倍液喷布。喷药宜选择

发生高峰前，即若虫数量上升时进行。最好间隔 7～10 天，连喷 2～3 次。该虫分布在茶丛上层，宜采用低容量蓬面喷雾法。

⑥蚧壳虫类。第一，生物防治。对苗木进行检疫，有蚧虫寄生的苗木实行消毒处理；加强茶园管理，清蔸亮脚，促进茶园通风透光，对发病严重的茶树枝条及时剪除；保护天敌，清除的有虫枝条宜集中堆放一段时间，让寄生蜂羽化飞回茶园；瓢虫密度大的茶园，可人工帮助移植，瓢虫活动期应尽量避免用药。第二，药剂防治。在若虫盛孵期喷药，可用 25％亚胺硫磷、25％喹硫磷、50％马拉硫磷、40％水胺硫磷、25％扑虱灵 800～1000 倍液；秋末可选用波美 0.5 度石硫合剂、10～15 倍松脂合剂、25 倍蒽油或机油乳剂。第三，人工剥除。红蜡蚧、角蜡蚧、龟蜡蚧均蜡质厚、个体大，多数寄生在枝干上，被害目标明显，从冬季至成虫产卵前逐丛检查，徒手剥除或用竹片刮除。

⑦黑刺粉虱。第一，加强茶园管理。疏枝清园，中耕除草，促进茶园通风透光。第二，生物防治。长角广腹细蜂和粉虱黑蜂寄生率很高，在黑刺粉虱老龄若虫和蛹期要控制用药，以保护天敌。第三，药剂防治。在各代成虫盛发期和若虫孵化末期，选喷 50％辛硫磷、25％优乐得、40％乐果、25％亚胺硫磷、80％敌敌畏 1000 倍液或 10％天王星 5000～6000 倍液。

⑧害螨类。第一，加强茶园管理。冬季清除落叶烧毁，根际培土壅根，铲除茶园杂草，减少虫源，盛发期亦应及时清除落叶；加强肥水管理，防旱抗旱以增强树势。第二，药剂防治。发生高峰期前，喷施 20％杀灭菊酯 4000～5000 倍液，或 25％喹硫磷、25％双甲脒800～1200 倍液，或 10％天王星 5000～6000 倍液、73％克螨特4000～5000 倍液，或喷 40％乐果、50％马拉硫磷、50％辛硫磷、80％敌敌畏 1500～2000 倍液，或 2.5％溴氰菊酯、20％杀灭菊酯 6000～8000 倍液；秋茶结束后，可立即喷波美 0.5 度石硫合剂或 50％乙硫磷 1000～1200 倍液；分批多次及时采摘，可抑制蚜虫大发生，如被害梢多，宜分开制茶，或弃之不要。第

三，生物防治。蚜虫天敌很多，食蚜蝇、草蜻蛉、瓢虫等对茶蚜抑制很大，宜加以保护利用，可按瓢蚜比 1：250 人工移植，释放异色瓢虫、七星瓢虫等。

4. 茶树病虫害的综合防治

茶树作为一种多年生常绿作物，在其年生长周期中具有明显的规律性，根据年生长规律进行的茶树管理及茶叶采摘也具有明显的季节性特点。结合一年中的主要茶事活动，可将茶树病虫害的综合防治分为五个阶段。

(1) 越冬休眠期(10 月至次年 2 月)。随着气温下降，各种病虫先后潜伏越冬。结合茶园冬季管理，不失时机地开展病虫害的越冬防治，对减轻来年的病虫害作用显著，是综合防治病虫害的重要环节。

①茶树主要病虫的越冬场所。

虫害。假眼小绿叶蝉以成虫在茶树或茶园内外的杂草、作物上越冬；茶毛虫、茶黑毒蛾以卵，茶小卷叶蛾、蓑蛾类、黑刺粉虱、黄梨蚧以幼(若)虫，茶细蛾以蛹，茶橙瘿螨以幼、成螨，均在茶树叶片上越冬；茶梢蛾、茶枝镰蛾、茶枝木蠹蛾、茶堆砂蛀蛾、茶吉丁虫以幼虫，长白蚧以若虫，龟蜡蚧以雌成虫，均在茶树枝梢表面及茎干内越冬；茶丽纹象甲、茶芽粗腿象、黑足角胸叶甲以幼虫，茶尺蠖、油桐尺蠖、茶蚕以蛹，茶刺蛾、茶扁刺蛾以茧，均在表土或枯枝落叶中越冬。

病害。茶白星病、茶圆赤星病、茶芽枯病以菌丝体或分生孢子器，茶轮斑病、茶云纹叶枯病、茶炭疽病以菌丝体或分生孢子盘，均在茶树叶片上越冬；茶膏药病以菌膜，茶黑痣病以菌丝体或子座，均在枝上越冬；茶紫纹羽病以菌丝、菌索和菌核，茶苗白绢病以菌核和菌丝体，茶根癌病以病原细菌，均在病根及土壤中越冬。

②茶树越冬病虫害的防治措施。

人工防治。对虫体较大，目标明显，易于捕捉的害虫，如大蓑蛾、茶蓑蛾、褐蓑蛾的护囊，茶毛虫、茶黑毒蛾的卵块，可组织人工摘除，同时，随手捏茶小卷叶蛾等的虫苞，对茶膏药的菌膜用竹片刮除。

剪除病虫枝。茶枝镰蛾、茶枝木蠹蛾、茶堆砂蛀蛾、茶吉丁虫、茶黑痣病等，可人工剪除被害枝。

清园除草。及时清除茶园的枯枝落叶，铲除茶园内及周围的杂草，集中做堆肥，可消灭多种叶面病害（如茶炭疽病、茶轮斑病等）的菌源，破坏多种害虫（茶刺蛾、假眼小绿叶蝉等）的越冬场所，降低其越冬成活率。

冬耕培土与施肥。秋茶结束后，有冬耕习惯的茶区，可把部分茶尺蠖、油桐尺蠖、茶丽纹象甲、茶芽粗腿象、黑足角胸叶甲等，翻到地表或深埋杀死；也可在施肥开沟后，将茶丛根际的表土及落叶扒入沟内，然后施肥盖土，以消灭表土层的虫蛹及减少次年茶云纹叶枯病等叶面病害的初次侵染菌源。冬季培土，对茶蚕、茶刺蛾等的防治，效果会更好。

实行种苗检验。对尚未发现茶根癌病的茶区，在调运茶苗时，必须进行种苗检验，以防传入。

喷药封园。对病害发生严重的茶园，可喷 0.7％石灰半量式波尔多液，茶橙瘿螨等螨类发生严重的茶园，喷 0.5 度波美石硫合剂封园。

（2）早春期（3 月份）。随着气温的回升，茶树病虫以各种形态过冬存活下来的病虫，相继开始复苏，也是新一年的茶芽萌动伸展期。此时，绝大多数茶园尚未开始采茶，农事尚闲，在冬季未进行防治的茶园，抓住这一时期进行防治，可获得事半功倍的效果。

①早春期主要病虫害的发生特点。

害虫。第 1 代茶蚕幼虫 3 月上旬开始为害，这代前期也为害老叶，有明显的发虫中心；第 1 代茶黑毒蛾幼虫 3 月上、中旬开始为害，初期群集在茶丛中、下部两侧老叶背面取食，食量很小；第

1代茶毛虫幼虫3月下旬开始为害，2龄前幼虫常数十头至百余头聚集在叶背取食叶肉，也多在茶丛中、下部两侧，食量也很小；第1代茶尺蠖3月底开始为害，这代幼虫发生整齐，也常有发虫中心；茶蓑蛾、大蓑蛾等开始为害，发生中心明显；越冬代黑刺粉虱幼虫3月至4月上旬继续生长发育，刺吸茶树汁液。

病害。茶白星病的病菌3月下旬开始侵害新梢和嫩叶；茶芽枯病的病菌在气温上升至10℃左右时，孢子即成熟，随雨水溅泼传播。

②早春期病虫害的防治措施。

人工防治。在冬季未进行人工防治的茶园，此时仍可根据茶黑毒蛾低龄幼虫期群栖于老叶背面咬食叶肉，茶白星病、茶芽枯病等病菌在叶片组织中越冬，蓑蛾带护囊取食的特点，摘除病虫叶和护囊。

修剪。结合早春茶树的轻修剪，剪除有茶白星病、茶芽枯病、黑刺粉虱等病虫梢、叶，并将剪下的枝叶连同枯枝落叶一同清除出园，妥善处理。

施肥与削草。早春3月茶园的施肥、削草，可直接或间接地消灭在土中栖息的茶丽纹象甲、茶芽粗腿象、黑足角胸、叶甲等害虫的部分幼虫和蛹。

保护和利用天敌。在自然界，天敌对病虫的控制作用是长期存在的。充分发挥并利用天敌对病虫的自然控制作用，是病虫害生态调控的重要措施之一，可以采用以下方法。

合理处理害虫。人工摘除带害虫卵块、幼虫的枝叶及扩囊等，均潜伏有不少天敌，宜分别放入寄生蜂保护器内或堆放于适当的地方，等寄生蜂、寄生蝇等天敌羽化飞回茶园后，再作处理；茶园修剪、台刈下来的茶树枝叶，先集中堆放在茶园附近，让天敌飞回茶园后再处理。

人为释放天敌。利用茶园生态环境较稳定，温、湿度适宜，有利于病原微生物的繁殖和流行的条件。有条件的茶园，可将各种害虫的病原真菌、细菌、病毒等有益微生物人为培养后，散放到茶园中去，使其侵染有害生物，并造成重复侵染和流行。

用农业技术措施保护天敌。许多寄生性天敌昆虫（寄生蜂、寄生蝇）和捕食性天敌昆虫（食蚜蝇）羽化后，需要吮吸花蜜进行补充营养，然后觅找寄主产卵繁殖。因此为了延长天敌昆虫的寿命和提高寄生、捕食率，可在茶园周围种植一些不同时期开花的蜜源植物，作为天敌昆虫的补充营养基地，同时也美化了茶园环境。

给天敌创造良好的生态环境。茶园周围造林，路旁种行道树，或采用茶林间作、茶果间作，幼龄茶园间种绿肥，均可为天敌提供大批中间寄主和猎物，为鸟类提供更多的栖息场所。

(3) 春茶期(4 月至 5 月 15 日前)。春茶季节是茶叶的重要采收期(产量一般占全年的 45%，产值占 50%以上)，也是茶园病虫的初发阶段。经过冬季或早春防治的茶园，此时通过茶叶的分批多次采摘，一般为害不重，无须用药防治，但应尽可能采用其他措施来控制各种病虫的发生量，以减轻对夏、秋茶的威胁。若个别种类为害较重，则可采用生物制剂挑治有病虫的茶树。

①春茶期主要病虫的发生特点。

虫害。第 1 代茶黑毒蛾、茶毛虫、茶尺蠖、茶蚕及蓑蛾类的幼虫继续取食，食量渐增，茶黑毒蛾、茶毛虫开始逐迁于茶丛表面为害新梢嫩叶；4 月下旬至 5 月上旬第 1 代茶小卷叶蛾幼虫发生，初期潜入芽尖缝隙内，初展嫩叶端部或边缘吐丝卷缀潜藏，啃食叶肉；2 龄开始吐丝卷叶成苞，居中啃食叶肉；3 龄后老嫩叶均为害；4 月初茶芽粗腿象成虫开始为害幼嫩芽叶，4 月中下旬成虫盛发；5 月上旬第 1 代黑刺粉虱幼虫开始为害，以茶丛中下部叶背较多；假眼小绿叶蝉、绿盲蝽、茶蚜、茶细蛾等也相继开始为害。

病害。茶芽枯病通过再侵染，于 4 月中旬至 5 月上旬达到发病盛期；茶白星病经过多次的再侵染，平地、丘陵在 4～5 月间，高山茶园在 5 月至 6 月中旬盛发；茶圆赤星病 4 月下旬至 5 月中旬也盛发。

②春茶期病虫害的防治措施。

应分批及时采茶，茶叶采摘对象主要是树冠表面的嫩梢，标准一般为一芽二叶，春茶每隔4天左右采摘一批，共要采10批次左右。因此，少数具趋嫩习性，分布在采摘部位的病虫，均能被及时采除，如假眼小绿叶蝉、茶蚜、茶小卷叶蛾（初龄幼虫）、茶细蛾（卵、幼虫）、茶白星病、茶圆赤星病、茶芽枯病等。分批及时采茶，对在幼嫩芽叶上为害的病虫，除直接予以消灭外，还由于幼嫩梢（叶）是它们的最适宜为害部位，因被大量采去，遂出现了病虫寄主（食料）的严重恶化现象，而使其为害减轻。

性引诱剂诱杀。对历年茶小卷叶蛾、茶毛虫和茶毒蛾为害较重的茶园，可在4～10月大面积连片用性引诱剂诱杀雄成虫，三种性诱剂可共同诱捕器同时放置。

生物制剂防治。对虫口密度高必须用农药防治的茶园，对茶黑毒蛾、茶蚕等鳞翅目类害虫可选用Bt制剂或2.5%鱼藤酮乳油300～500倍液防治，安全间隔期均为3～5天。对茶苗白绢病发病重的茶园，可用哈次木霉处理有病茶园的土壤。

（4）夏茶期（5月15日后至7月底）。夏茶是病虫的上升阶段，各茶场要按地块做好病虫的田间调查，绝不可疏忽大意。否则，某些病虫就有可能发生成灾。

①夏茶期主要病虫的发生特点。

虫害。茶尺蠖第4代幼虫开始为害，以后世代重叠，从历年的发生情况来看，7月份若环境条件适宜，个别年份有的茶园也会暴发成灾；茶黑毒蛾、茶小卷叶蛾的第2、3代幼虫均在5月下旬至6月上旬、7月上旬至8月上旬发生，虫量以第2代幼虫发生较多；茶毛虫第2代幼虫于6月下旬开始发生，该世代多数年份虫量不大；茶丽纹象甲、黑足角胸叶甲以成虫嚼食嫩叶，盛发期均在5月中旬至6月中旬；假眼小绿叶蝉以若虫和成虫吸食茶树幼嫩芽叶汁液，5月下旬至6月上旬出现为害高峰；茶蚕、油桐尺蠖、黑刺粉虱、长白蚧、茶叶螨类等害虫的虫量部分茶园也在上升。

病害。属高温、高湿型的茶轮斑病、茶云纹叶枯病、茶炭疽病等病害，夏茶期有一个发病高峰；属高温干旱型的茶赤叶斑病，在夏茶后期有时也会流行。

②夏茶期病虫害的防治措施。

增施有机肥。研究表明，施用有机肥可以改变茶芽叶中氨基酸的种类，而氨基酸组分的改变会影响螨类的生长和繁殖，在非有机茶园、AA 级茶茶园增施有机肥可减轻螨类的为害。增施有机肥还可减少茶苗根结线虫病及一些叶部病害的发生。

浅耕削草。采摘茶园春茶结束后的浅耕（10 厘米左右）削草，可消灭部分在土中栖息的虫蛹，如茶尺蠖、油桐尺蠖、茶蚕的蛹，黑足角胸叶甲的幼虫等。

强采茶叶。头号吸汁害虫——假眼小绿叶蝉 5 月底形成虫口高峰，此阶段进行强采茶叶，实践证明是控制其种群数量的有效措施，对在茶幼嫩部位为害的其他病虫同样有抑制作用。

注意排水。对地下水位高的茶园，开沟排水尤为重要，可减轻喜阴湿病虫（如茶长绵蚧、茶藻斑病等）的为害。

人工捕杀。第一，利用茶丽纹象甲、黑足角胸叶甲成虫的假死性，先在树冠下用塑料薄膜等物承接，而后振动茶树，将坠落的成虫快速收集杀死。第二，利用油桐尺蠖成虫多栖息于茶园和附近高大树木或建筑物上，以及受惊落地假死的习性，在各代成虫期组织人工捕杀，见到卵块将其拍碎或刮除。

树干涂白。油桐尺蠖的卵多成堆产于树木主干的裂皮缝隙、孔洞内或茶丛枝丫处，将茶园周围的树木用石灰水涂白，可阻碍雌蛾产卵。

药剂防治。对假眼小绿叶蝉、茶尺蠖、茶小卷叶蛾等害虫，虫口密度超过防治指标的有机茶园、AA 级茶茶园，可在卵盛孵高峰期或低龄幼虫盛发期用 2.5％鱼藤酮乳油或 Bt 制剂 300～500 倍液防治，安全间隔期 3～5 天；对茶丽纹象甲、黑足角胸叶甲等可在成虫盛发初期用每克100亿个孢子白僵菌500倍液防治，安全间隔期3天；非有机茶园、AA级茶茶园，假眼小绿叶蝉也可选用10%吡虫啉可湿性粉剂4000～5000倍液防治，安全间隔期7～10天；茶尺蠖、茶小卷叶蛾等也可选用1004氯氰菊酯乳油6000～8000倍液（安全间隔期7天），或80%敌敌畏乳油800～1000倍液（安全间隔期6天，对茶小卷叶蛾效果特佳）防治；茶丽纹象甲、黑足角胸叶甲等也可选用98%杀螟丹可湿性粉剂1000倍液（安全间隔期7天），或2.5%联苯菊酯乳油750～1000倍液（安全间隔期6天）防治。

天敌的保护和利用。同早春期病虫的防治措施。

（5）秋茶期（8月至10月）。自夏茶开始，虫口数量逐渐上升，病害传播侵染频率开始加大。秋茶时，由于气温高，害虫历期和病菌侵染所需时间短，繁殖发育快，为害加剧，常易暴发成灾，所以说秋茶是病虫暴发阶段。假使秋茶发生病虫害严重而不及时采取有效的防治措施，不仅秋茶的产量和质量会受到损失，而且对次年春茶产量，也会带来不良影响。

①秋茶期主要病虫的发生特点。

虫害。第4～6代茶尺蠖，若环境条件适宜，常暴发成灾；第2代油桐尺蠖幼虫开始为害，发生先后参差不齐；第3代茶毛虫开始为害，部分山区茶园为害重；茶小卷叶蛾、茶黑毒蛾第4、5代幼虫开始发生，茶小卷叶蛾幼虫低龄期仅为害嫩叶，多在茶丛树冠表面，茶黑毒蛾幼虫低龄期仅为害老叶，多在茶丛中下部两侧；假眼小绿叶蝉种群数量8月下旬后常出现一次高峰，少数年份为害重；刺蛾类、蓑蛾类害虫，有的种类在一些茶园虫口密度也较高；茶丽纹象甲、茶芽粗腿象、黑足角胸叶甲等害虫的幼虫在表土中取食有机质和茶须根。

病害。茶轮斑病、茶云纹叶枯病、茶炭疽病等仍为盛发期，一些茶园为害较重；茶褐色叶斑病属低温高湿型病害，一般在晚秋盛发；高山茶园茶饼病开始流行。

②秋茶期病虫害的防治措施。

合理采摘。秋茶期继续及时采去符合标准的芽叶，一可增加收入，二可消灭在树冠表面幼嫩芽，叶上为害的部分病虫，还可采去潜伏期较长，已侵入嫩叶，只是未表现出症状的茶网饼病、茶炭疽病等。

深耕与割磅草。各茶区秋茶期（8 月份）的深耕（25 厘米左右），不仅可以提高土壤肥力，有利于茶树生长发育，而且还可以改善土壤环境，恶化一些病虫的生存条件，如茶毛虫、茶尺蠖、茶蚕的蛹、茶丽纹象甲、茶芽粗腿象、茶籽象、黑足角胸叶甲等的幼虫及蛹均生活在浅土中，通过中耕可以把幼虫、蛹翻到地面使其暴露在不良气候或天敌易侵袭下，增加死亡率，也可直接杀死一些。割除梯坎上的杂草是秋茶期必须进行的一项工作，可以减轻茶园茶绿鳞象、苔藓、地衣、茶叶斑病等的为害，此时若进行药剂防治假眼小绿叶蝉，还可提高防治效果。深耕后，在茶丛从根颈部四周培土，可使表土的某些病菌、害虫无法出土侵害。例如，培土 10 厘米，可使 70%以上的茶尺蠖成虫不能羽化出土；将茶云纹叶枯病的病残组织埋入较深的土层内，可增加其腐烂程度和降低病菌存活率，减少次年的初次侵染源。

重修剪和台刈。衰老茶树在秋茶期通过重修剪和台刈可达到增强树势，更新复壮的目的。同时，对分布在茶树离地 5 厘米附近或 30 厘米以下的茶尺蠖、茶小卷叶蛾、茶毛虫、长白蚧、茶枝镰蛾、茶枝木蠹蛾、茶红颈天牛、茶吉丁虫等所有枝叶害虫，以及茶轮斑病、茶枝梢黑点病、茶粗皮病、茶毛发病等所有枝叶病害，可全部被剪下清除出园。但重修剪、台刈后，茶蔸上还会有蚧、粗皮病等病虫残存，宜及时施药。

人工防治、天敌的保护和利用，同早春期病虫的防治措施；药剂防治，同春茶期生物制剂防治和夏茶期药剂防治方法。

5. 无公害茶叶生产中病虫害的防治

茶园的病虫害防治，主要是实施以农业防治为主的综合防治，同时也进行适宜限量的化学防治。

（1）加强农业防治。农业防治是应用栽培技术，定向改变环境条件，使之有利于茶树生长发育，提高对病虫的抗性，而不利于病虫的生存、繁殖，以达到压低病虫种群数量的目的。因此，农业防治是无公害茶园病虫害防治技术的根本。它贯穿于茶树生长的全过程。

①选准品种。茶树品种间由于形态结构、生化成分以及生物学特性的差异，对病虫害的抗性亦不相同，选择抗病虫性强的茶树品种是农业防治的基础。

②严格检疫。选用无检疫病虫害的苗木，自繁或外地调进的苗木均要严格检疫，防止未检疫病虫害进入茶园。

③科学施肥。每年施足基肥，用少量的化肥作追肥，要注意氮、磷、钾和微量元素肥料的配合施用，提高茶树抗病虫能力，减少螨类发生和减轻茶饼病、炭疽病的危害。

④及时排灌。干旱时及时灌水可调节园内温、湿度，能控制短须螨虫口密度；茶园排渍，对茶长绵蚧、藻斑病、膏药病、白绢病等均有明显的抑制作用。

⑤合理修剪。修剪不仅可以恢复和增加树势，而且对茎干病虫害如长白蚧和钻蛀性害虫有明显的防治效果，茶园去除徒长枝、内膛枝、拖地枝后，茶园通风透光，可以防止黑刺粉虱等发生。

⑥适时采摘。茶树新梢是茶饼病、牙枯病、茶小绿叶蝉、茶橙瘿螨等多种主要病虫活动、危害和繁殖的场所。分批多次采摘既是保证茶叶品质的主要措施，也可直接摘除病虫。

⑦诱杀捕杀。冬季摘除茶毛虫越冬卵块、蓑蛾越冬袋（护囊）和各种病叶。茶季抓住害虫发生少、小的阶段，及时组织人工捕捉幼虫，刮除卵块和采用灯光诱杀成虫。

（2）实施生物防治。生物防治是无公害茶园病虫害防治技术的关键，生物防治具有对人畜植物安全、不污染环境，以及效果持久等优点。目前茶树病虫害生物防治主要为病毒防治。现介绍茶小卷叶蛾、油桐尺蠖、茶毛虫的病毒防治方法。

①茶小卷叶蛾。茶小卷叶蛾颗粒体病毒，田间常用量187.5～300毫克颗粒体/米^2（相当于375～660头老熟病虫尸的含量），兑水900千克，于第1代或第2代幼虫盛孵期作蓬面喷雾，当代幼虫发病率达95%、96%，持效8～9年以上。

②油桐尺蠖。油桐尺蠖核型多角体病毒，每公顷用30×10^{11}个多角体病毒，兑水1500千克，于第1代幼虫1～2龄高峰期喷雾，当年幼虫发病率80%，持效3年以上。

③茶毛虫。茶毛虫核型多角体病毒，每公顷用$(7.5-15)\times10^{11}$个多角体病毒，兑水750千克，于越冬代幼虫2～3龄高峰期对茶丛作低位倾向喷雾，当代幼虫发病率80.5%。

由于天敌本身是一种生物，受环境影响较大，繁殖饲养比较复杂，而且与化学防治有一定矛盾。为提高生物防治效果，第一，要协调好与化学防治的关系。使用对天敌杀伤力较小的化学农药品种，减少化学防治次数。改进农药使用技术，如用低容量喷雾代替高容量喷雾，对芽叶害虫如茶小绿叶蝉、茶黄蓟马等进行快速叶面喷雾，对有“发生中心”特点的病虫如螨类、茶尺蠖等进行局部喷洒，以减少对天敌的杀伤，保护天敌资源。第二，改善天敌生长发育的环境条件，一般天敌，尤其是真菌和病毒要求在较高的湿度下生长、繁殖、感染昆虫，病毒对阳光很敏感，不宜在高温干旱季节应用。

(3) 化学防治。化学防治具有见效快、效果好、使用简便、受环境条件影响小等优点。科学进行化学防治是无公害茶园病虫害防治技术的重要手段。但化学农药使用不当，会在茶叶和茶园环境中残留引起人体慢性中毒和污染茶园环境；化学农药在防治病虫害的同时，也杀死了天敌，导致害虫的再度猖獗；单一、长期使用化学农药还会使害虫产生抗药性，降低农药防治效果。无公害防治技术的化学防治必须严格执行农药安全使用标准。

茶园农药首先必须符合高效、低毒、低残留的原则，再根据茶叶生产特点，病虫的生物学特性进行选定。防治刺吸新梢汁液的害虫如茶小绿叶蝉、蓟马等，应选用具有一定的内吸作用，有较强触杀毒性的药剂，如敌敌畏、乐果等；对取食叶片的害虫如茶毛虫、茶尺蠖类、刺蛾类等，应选用具有胃毒兼触杀毒性的药剂，如拟除虫菊酯类、杀螟松等；对茶园螨类害虫应选用具有较强杀卵作用的杀螨剂；防治粉虱和蚧类害虫要选择触杀性强、对蚧壳有强渗透性或腐蚀力的药剂，如马拉硫磷和亚胺硫磷等；防治叶部病害应选用既有保护效果，又有治疗效果的杀菌剂，如75%百菌清、70%甲基托布津等。

6. 有机茶叶生产中茶树虫害防治

有机茶的生产、储运及加工过程中禁止使用包括化学农药在内的各类化学合成品，因而有机茶实际上是非化学的茶叶生产。它要求在有机茶生产中发生的病虫草等有害生物的防治必须利用无污染、无残留的防治方法，主要包括农业防治、生物防治和物理防治等。

(1) 农业防治。根据害虫、作物、茶园环境三者间关系，结合整个茶园操作过程中各种农业技术措施，有目的地创造有利于茶树生长发育、不利于害虫发生发展的环境条件，抑制或消灭害虫为害。

农业防治的特点是大多可结合采剪、耕作、施肥等技术进行，不必另增投资；防治方法有效、安全，易于推广，防治规模大；农业措施多样，对害虫的抑制作用多样、持久、综合。农业防治的局限是常作用在害虫大量发生前，见效缓慢，不易觉察，易被忽略；防治效果常是相对的，或仅能在某种程度上减轻虫害，某些措施有时可能与防治害虫矛盾。

农业防治的途径是改变害虫的环境、营养条件、小气候条件和天敌关系，以抑制害虫大量发生，例如修剪、除草、耕作、间作等；创造有利于茶树生长发育的条件，增强其抗害能力，如施肥与合理灌溉等；选育不受害虫为害或能耐害的品种；直接消灭害虫，如结合修剪去除有虫叶，土壤深耕或翻耕等。

农业防治的常用措施有采摘、修剪和台刈，耕翻整地，合理种植，适当间作，合理施肥，科学除草。

(2) 生物防治。生物防治是指利用生物及其产物控制害虫的方法，包括传统的天敌利用和近年出现的昆虫不育、昆虫激素信息素的利用等。据粗略估计，我国茶园的天敌昆虫有500～600种。

生物防治的途径有天敌保护，天敌的大量繁殖释放，天敌的引种。

生物防治的特点是高效、经济、安全，与农业、化学、物理防治等结合成综合防治体系，效益更好。其不足处是一种天敌只能防治一种或少数几种害虫，寄生性天敌显效慢，防治效果常因环境条件变化而不稳定，不易贮运等。

(3) 微生物防治。利用害虫的病原微生物或其代谢产物防治害虫的方法，用于防治害虫的病原微生物或其代谢产物的制剂被称为微生物杀虫剂。

微生物防治的应用途径有长效性持久防治，速效性短期防治。

微生物防治的优点是多数昆虫病原专化性较强，对其他生物一般无害，不伤害天敌昆虫，无残毒；易感寄主对病原不产生抗性或发展慢；病原可通过选择而增强致病力；病原可在寄主虫体上增殖，作为再浸染源，通过寄主及其环境传播扩散；某些病原可在人工培养基础上或虫体内繁殖，生产简便价廉；多种微生物制剂可以混用，或可与多种低剂量化学杀虫剂混用，使作用增效。

微生物防治的缺点是病原制剂施用后到发病前有一段潜育期，效能发挥较化学农药慢；多数病原须经口服侵染，无触杀性能，往往只对害虫生活史中的一个阶段有侵染作用；在病原制剂未被昆虫食入或接触前，须维持病原活性和稳定状态；多数病原制剂防治效果的发挥对环境条件的要求较高；有些病原制剂难以大量生产，价格较贵；微生物杀虫剂产品的标准化较难。

(4) 物理机械防治。利用各种物理因子、人工或器械防治害虫的方法，包括最简单的人工直接或间接捕灭害虫，或破坏害虫的正常生理活动，或使环境条件变成不能为害虫接受和容忍的程度。物理机械防治既可用于预防害虫，也可在已经发生虫害时作为应急措施。

主要措施有捕杀，诱杀(利用昆虫有趋光性、性外激素诱杀)，应用新技术(应用辐射可直接杀死害虫或影响其生殖生理引起其不育)。

(5) 其他的措施。病虫检疫，抗虫品种利用等。

四、不同生产期管理

1. 春茶前生产管理技术

春茶提早开采、提早上市，从而提高春茶产量产值，是茶业增效茶农增收的关键。结合茶叶生产实际，春茶开采前主要抓好浅耕施肥、茶树修剪、冻害预防、茶机配置与维护的工作。

(1) 浅耕施肥。通过浅耕，可疏松土壤、提高土温，促进春茶早发，浅耕时间一般在 2 月底至 3 月初进行。浅耕时结合施春茶催芽肥，上年秋冬未施基肥的茶园，春茶催芽肥和基肥同时施入，施肥量视茶叶产量而定，一般全年亩产 100 千克名优茶的茶园施用 300 千克菜饼作基肥，加 50 千克尿素作追肥。施肥时间：早生品种茶园在 2 月底前施入，中、晚生品种茶园在 2 月底至 3 月初施入。施肥方法：以茶园浅耕后开沟(沟深 3～5 厘米)施入并覆土为宜，以防肥分挥发流失。过于密集茶园，如采用抛施，须在阴天以及下雨天前进行，否则易灼伤茶树叶片及使肥分流失。

(2) 茶树修剪。早采、多采的名优茶，一般成龄茶园将春茶前修剪改为春茶后修剪，修剪时间一般在 5 月 20 日前进行，宜早不宜迟，否则影响茶树生长。

对无性系良种幼龄茶园，春茶期间要抓好茶树定型修剪，并在定剪基础上辅以打顶，以快速培养树冠，形成平整采摘面。

修剪方法：第一次定型修剪在茶苗移栽定植时进行，离地15～20厘米处剪去主枝；第二次定型修剪是茶苗栽后第二年2月底至3月初进行，一般离地30～35厘米处剪平；第三次定型修剪是栽后第三年进行，离地45～50厘米剪去，春茶辅以打顶采，一般春茶以留二叶采为好。

（3）冻害预防。谨防春季冻害的办法是：

①覆盖防霜。在低温寒潮来临之前用稻草、杂草、遮阳网、地膜等覆盖蓬面和茶行地面，促进茶园地温上升，减少茶园霜冻作用；铺草量每亩1500千克以上，以不露地面为宜；茶园蓬面覆盖在气温0℃以上或有太阳的天气要及时揭去覆盖物。

②熏烟防冻。方法是在晚霜来临之前，在无雨晴朗的傍晚，点燃设置在内向、地势得当的茶园边际的草皮堆，使烟雾弥漫，减少夜间辐射散热，可有效预防晚霜对茶园的危害。

③土壤保温。加强茶园肥培管理，施足基肥，增加客土，增厚活土层，以及在茶园迎风口建立防护林带。

（4）茶机配置与维修。春茶前要做好茶厂机械配置、茶机维修、厂房清洁卫生等工作，确保茶叶加工有一个清洁环境，以防在茶叶炒制过程中受到污染。

2. 春茶期间的茶园管理

（1）浅耕。春茶期间茶园耕作可分春茶前浅耕和春茶后浅耕各一次。春茶前浅耕一般在3月份进行，是增产春茶的重要措施之一。茶园经过冬季几个月的雨雪，土壤已经板结，此时土温较低，通过3～5次浅耕，可以疏松土壤，使表土易于干燥，使土温升高，有利于春茶提早萌发。同时浅耕能铲除杂草，对茶树生长有利。

（2）追肥。在茶园追肥的施用上，应十分重视春茶前追肥的施用。由于茶叶产量在季节分布上，以春茶的产量最高，一般占全年总产量的50%左右，自然品质亦以春茶最佳，春茶季节也是名优茶的生产季节，抓好春茶是全年茶叶生产的重点。

春茶期间茶树新梢长势旺盛，生长速度快，消耗养分也相对较大，根系吸收能力强，单靠上年秋季的基肥尚不能满足春梢生长的需要，易造成茶园土壤养分“脱节”。

春茶前追肥的使用显得尤为重要，施肥的数量一般以按亩产100千克名优茶配施用300千克菜饼作基肥，加100千克尿素追肥，以满足茶树阶段发育及名优茶生产的需要。根据施肥与茶树发芽需要养分的时间差，即平常我们常说的隔季效应来追肥。这次追肥最好在上年10月份茶园施基肥时同时施入。如一时无法做到，追肥施入时间也是愈早愈好。

(3) 修剪。春茶前期修剪，一般不在成龄茶园中进行，因茶树一经修剪就要推迟茶芽萌发，故应将春茶前期的修剪推迟到春茶的采制结束后，修剪程度应根据茶树生长势强弱和衰老程度不同，采取轻修剪、深修剪、重修剪、台刈四种。

3. 夏秋茶叶生产管理

(1) 结合浅耕清除杂草。6月份结合浅耕，在疏松行间土壤的同时，及时清除茶园杂草，并埋入土中。以减少杂草对土壤水分和养分的消耗，特别是茶树长势弱和缺株断行多的茶园，更须重视。

(2) 铺草。要注意铺草的时间、厚度和方法，应在出梅之前进行铺草，茶园铺草以铺盖后不见土面为好，一般厚度为8～10厘米。铺草之前，茶园应先行中耕除草，以增加土壤的通透性和蓄水能力。对平地或梯级茶园，可进行散铺；而坡地茶园，则应采用顺坡向横铺的方式，并稍加泥土压盖。铺草对防治高温、干旱、水土流失及抑制杂草滋生有良好的效果。

(3) 养蓬。春茶结束后应重修剪等改造的茶园，夏茶要进行养蓬，一般要留养夏茶，重点为明年春茶生产打下基础。

(4) 除虫。6～8月是各种病虫害发生的高峰期，必须及时掌握虫情，根据害虫发生情况加以防治，根据无公害茶叶生产标准，选择高效、低毒、低残留的农药。喷施农药可与根外追肥配合进行。

4. 冬季茶园管理

(1) 茶树适时修剪。投产茶园停止采摘后，对茶树蓬面不整齐和树株边沿应及时进行人工修剪，一般以轻修剪为好，修剪高度 3～5 厘米即可，以保持完好的伞形树冠蓬面，为机械采茶提供良好的弧形树冠和增大采摘指数密度打下基础。

(2) 及时深耕翻土。茶园深翻土壤一般以 10 月下旬至 11 月中旬较好，翻土深度掌握在 20 厘米左右为好；方法是沿茶行顺势距茶树 15 厘米左右用山锄人工挖掘，有条件的茶区也可使用机械耕作，在深翻时应尽量避免损伤茶树根系。

(3) 施好冬季基肥。时间一般以 11 月上旬至 12 月中旬施下为好，以施经无害化处理后的农家肥和有机肥、茶树专用肥、生物肥为主，也可施氮、钾二元复合肥，一般亩施农家肥 1～1.5 吨，有机肥、专用肥 60～80 千克，生物肥 100 千克，氮、钾二元复合肥 65～75 千克即可。

(4) 喷施药剂防治。在茶树休眠之前(气温小于 10℃以下)，要求茶园全面喷施石硫合剂或松碱合剂一次封园，喷施浓度严格按药剂说明书规定。

(5) 做好防寒防冻。要充分利用稻草、秸秆、耕锄后的杂草等进行茶行间铺盖，铺草厚度一般以 3～5 厘米为好，平铺后用细土压盖并浇好一次水；有条件的茶区也可用地膜覆盖，用细土或土块压盖地膜，以防风吹。

(6) 老茶园技术改造。通过建立防灾减灾设施、肥培土壤、整形树冠、改种换代、美化园貌等技术手段拔高改造标准，做到技改一亩成效一亩，分期分批地改造好现有的老茶园，切实提高茶园的综合生产能力和质量效益。

5. 名茶园的秋冬季管理技术

(1) 深翻。茶树经过春、夏、秋三个季节的生长和采摘，树体已消耗了大量的养分，行间土壤变得很板结。

秋冬季深翻有利于疏松土壤，改善土壤的理化性状，促进茶树根系的生长发育和土壤的通透性，对恢复茶树生机十分重要。

深翻一般应在每年10月初至11月上旬进行，深度为15～20厘米，过深易伤根系，影响茶树正常生长。

（2）施肥。秋冬季不施肥的茶树，入春后表现长势较弱、叶片小而薄、品质差、产量明显下降。而秋冬季每亩深施优质土杂肥3000千克或饼肥200千克加上尿素10千克，入春后表现生长旺盛、叶片厚、品质佳，单产明显提高，一般亩产增加15%以上。

茶园秋冬季施肥通常应以塘泥、人畜粪肥、垃圾等农家肥或土杂肥为主，每亩施用量为2000～3000千克。也可用饼肥每亩150～200千克、尿素10～15千克在茶树行间开沟深施。施后应覆土，以防肥料流失。对梯级茶园，肥料应施在梯级内侧。

秋冬季施肥一般要在10月底前施毕，最迟不能超过11月15日。过迟施肥由于气温低，根系吸收能力弱，影响肥效。但也不能施得过早，否则会使迟发的秋梢受冻，影响茶树的正常生长。

（3）修剪。茶树冬季修剪是夺取春茶优质高产的技术环节。长势较强、生长旺盛的茶树一般只能剪去蓬面突出部分，达到树冠面平整。对于有较多细弱枝、鸡爪枝，产量开始下降的茶园，应进行深修剪，可将超出树冠面9～12厘米的枝条剪除，并将全部鸡爪枝剪掉，以利于下年发芽粗壮整齐。

对于树势已呈衰弱，生产水平严重下降的老茶园，应采用重修剪，将树冠高度的1/2以上的部分剪掉，以促茶树树冠全面更新，使尽快恢复生产能力。

冬季修剪一般应在12月中旬前后完成。

（4）封园。秋冬季，茶树行间的杂草及枯枝落叶均是害虫、病菌隐藏的地方，及时进行清园有利于减少茶园内越冬病虫的基数。

茶树越冬病虫可分别用0.7%石灰半量式波尔多液，40%乐果1000倍液，50%马拉松1000倍药液及0.3～0.5波美度的石硫合剂进行防治。

喷药时要将茶丛上下、内外，叶片正面背面都喷到，地面的杂草及蓬内的枝条也要喷及，以提高防治效果。

封园工作要在11月底之前结束。

(5) 防冻。在寒潮来临之前，要及时做好翻耕培土、及时施肥和行间铺草等工作。在茶园行间多施一些牛栏粪、焦泥灰、磷钾肥等暖性肥料有利于提高土温。

施肥后应及时进行培土，在茶树基部培8～10厘米厚的新土层，以防根系外露造成冻害。水土流失严重的梯级茶园，更要做好培土工作。

培土后可就地取材，利用柴草、稻草、厩肥等铺盖茶树行间及根部，以利于提高土壤温度，保持土壤湿度。

在寒潮来临前，还可用稻草、杂草或薄膜等进行蓬面覆盖，开春后及时揭去覆盖物，以期达到防止茶树受冻，促进茶树春季早发芽、发壮芽，实现春茶优质高产。

6. 茶园早采优质高产管理

(1) 喷施根外追肥。可在3月中下旬开始每7～10天叶面喷施一次根外追肥。茶农可选用市场上优质的磷酸二氢钾，每50千克水中加磷酸二氢钾0.1～0.15千克进行叶面喷施。根外追肥宜在晴天上午10时前、下午3时后喷施，茶叶反面也要喷湿。

喷施“中茶早”。“中茶早”可使茶早采、优质、产量高，是理想的叶面肥。喷施时间一般为当地春茶正常开采期前的30～45天，大棚茶园需适当提前施用。

(2) 使用绿色茶生产专用肥——“保得”微生物土壤接种剂。该接种剂施用后可提高茶树的抗病能力和土壤肥力，提早采摘期。

使用方法是①可与有机肥、细土或草木灰拌匀作追肥、基肥使用。②兑水浇根。③幼茶树在移植前按每亩60克作基肥穴施，或在新梢萌动前兑适量水淋施一次，15 天后再淋施一次。④成龄茶园秋施越冬肥每亩 40～60 克（有机茶园 60～80 克/亩），春茶萌芽前每亩再追肥 40～60 克（有机茶园 60～80 克/亩）。

须注意的是勿与杀菌剂混用。要使茶叶早采，切忌使用含有激素的催芽素等农药。盲目使用该类农药，会增加茶叶的农药残留量及激素含量，从而降低茶叶的品质，得不偿失。

第三节　茶叶采摘技术

一、茶树形态特征

茶树是由根、茎、叶、花、果实和种子等器官组成。树型分为乔木型、小乔木型和灌木型三种（见图 2－4），浙江地区主要属于灌木型。乔木型茶树主干明显，分枝部位高，自然生长状态下，其树高通常达 3～5 米，野生茶树可高达 10 米以上；灌木型茶树无明显主干，树冠较矮小，自然生长状态下，树高通常只达 1.5～3 米，分枝多出自近地面根颈处，分枝稠密；小乔木型茶树属于乔木、灌木间的中间类型。

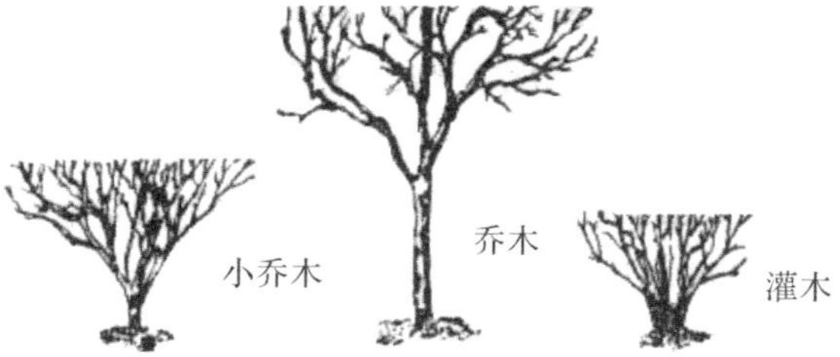

图 2－4　茶叶树型图

叶片是茶树的营养器官，是供人们采收的主要对象。茶树叶片可分为鳞片、鱼叶和真叶。在正常情况下，叶片的寿命只有一年左右。

鳞片。褐色，外具薄层蜡质或短硬茸毛，起保护茶芽的作用，芽膨大展开后鳞片自然脱落。

鱼叶。除鳞片外最下层的变态叶子，发育不完全，外形似鱼鳞，是新梢生长最初展开的叶片，一般只有一片，色泽淡，叶质硬脆，叶缘全缘或前缘有浅锯齿，形状介于鳞片与真叶之间。

真叶。发育完全的叶片，见图 2－5。

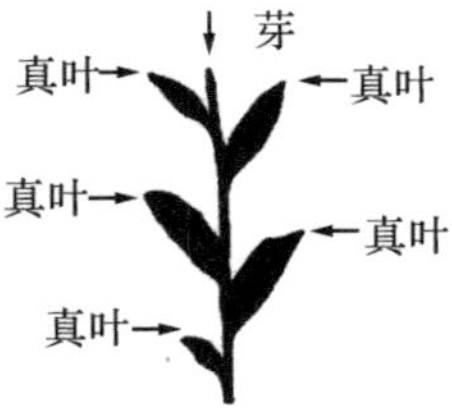

图 2－5　茶树真叶

二、合理采摘

人们在长期的生产实践中，发现采茶与养树之间存在矛盾，芽叶的数量与质量之间也存在矛盾，这些矛盾只有通过合理采摘才能得到解决。

1. 基本原则

在不同环境条件下，合理采摘应该有不同的技术内容，但必须遵循以下三点基本原则。

(1) 采养结合。在采摘的同时，必须注意留养，保证年生长期内有一批新生叶片留养在树上。

(2) 量质兼顾。茶叶是一种竞争性强的商品，不但要数量多，而且要质量好。成茶的质量，除受加工技术影响外，主要取决于鲜叶的质量。因此，在采摘鲜叶时，强调量质兼顾，这是保证成茶品质的重要环节。

(3) 因树、因地、因时制宜。对于茶区分散、品种资源丰富、茶类繁多的地区，这个原则尤其重要。不同的品种、树龄、地理环境和气候条件，茶树的生长发育状况不一样。不同的茶类，对鲜叶原料的嫩度要求是有很大差别的。因此，采摘技术必须根据当时当地的具体情况灵活掌握。

2. 科学依据

茶树在系统发育过程中逐渐形成了它固有的生物学特性，揭示并充分认识茶树的生物学特性与环境条件的相互关系，就能获得种茶的更大自由。合理采摘的科学依据有以下三点。

（1）茶树新梢的生长特性。茶树在年生育周期中，新梢的生长有两个基本的特性：一是顶端生长优势；二是多次萌发生长。这两者之间是相互联系的，同时又与环境条件密切相关。新梢生长时，顶芽最先萌发，生长也最快。顶芽的旺盛生长，抑制了侧芽的生长，使侧芽生长缓慢，甚至呈休止潜伏状态。及时采去顶芽，改变生长素和激动素的极性传导和分配状况，就可解除顶端生长优势，促进侧芽的生长。

茶树新梢生长的另一个特性，就是一年中能多次萌发生长。萌发次数的多少，除受品种特性、树龄、树势制约外，主要受环境条件的影响。茶树在自然生长条件下，一般萌发 2～3 次；而在采摘的情况下，可萌发 4～6 次。

所以，合理采摘在某种意义上说，也就是利用茶树生长的顶端优势和多次萌发生长的生物学特性，通过人为手段，解除顶芽的生长优势，促进侧芽的生长，达到多采茶、采好茶的目的。

（2）茶树叶子生育和生长规律。茶树是常绿植物，叶子对茶树的生长是至关重要的，它是茶树进行光合作用、呼吸作用和蒸腾作用的主要器官。所以，叶子的生长情况，往往是衡量树势强弱和分析茶园产量高低的一个重要依据。茶树叶子是随着新梢的生长而生长的，叶子的生育速度、展叶多少、成熟期时间、叶子寿命和消长规律等生物学特性，与外界环境条件关系密切。新梢生长快的，一般两三天可展一片叶子；生长慢的，则需五六天。叶子从初展到成熟，生长快的需 10～20 天；生长慢的，需要 20～30 天。叶子未成熟前生理上的一个特点是，呼吸强度大于光合强度，即消耗大于积累。新梢展叶多少，差异很大，多的可达 10 多片，少的一两片，一般能展叶 4～6 片。茶树叶片的寿命总是随着展叶时期的推迟而缩短。树冠上新叶的增长具有季节性，而老叶的脱落则是常年都有，但在正常的情况下，多集中在新梢生长季脱落。通常是新叶增长最多之时，也是老叶脱落最多之际。据测定，采叶茶树，由于采摘的刺激作用，有延长叶龄、促进新叶生长的功效。因此，在年周期中，采叶茶树新叶的相对增长量大于自然生长的茶树，而落叶面积却相应地小于自然生长的茶树。

从这个意义上讲，合理采摘就是在认识茶树叶子生育特性和消长规律的基础上，做到既及时分批采摘符合制茶嫩度要求的芽叶，又适量留养一定的新生叶子，以维持茶树正常生命活动和再生产。

（3）茶树地上部生长和地下部生长的相互关系。茶树地上部和地下部在生长过程中既相互促进又相互制约，从而使茶树保持相对的动态平衡和一定的比例关系。这主要表现在营养物质的相互供应和自动调节上。根系生命活动所需的碳水化合物、蛋白质等有机养料和一些微量活性物质，如维生素、生长素等，主要是靠地上部茎叶合成而供给的；而地上部茎叶进行光合作用的原料，如水分、矿物质等，则是依赖于根系吸收输送的。茎叶与根系在生长过程中，当营养物质分配上产生矛盾时，茶树有自动调节的能力，因此，在年生长周期中，茎叶与根系表现有交错生长的现象。自然生长的幼龄茶树，根系与枝叶在一年中各有三次生长高峰，总的趋势是新梢生长期地上部枝叶生长占优势，茶树休眠期地下部根系生长占优势。

合理采摘，就是利用茶树上下部生长的这种相对平衡特性，通过人为的手段，打破这种相互的平衡关系，促进地上部新梢的生长。在不影响茶树生机的前提下，尽可能多地促进营养物质形成经济产量（茶叶）。

3. 基本做法

（1）采摘标准。茶叶的采摘标准，直接关系到当年产量、品质与收入，必须根据各种茶类对原料的要求来确定。以正山小种红茶为例。据试验，同样留鱼叶采，3年中茶叶品质与收入均以采一芽二叶的最高；采一芽三叶的次之；一芽四叶的产量很高，比一芽二叶的增长47%～101%，但茶叶品质很差，收入也低；采一芽一叶的，产量很低，收入也低。因此，红茶应采一芽二三叶和幼嫩的对夹叶。烘青绿茶的采收标准可与红茶采摘相同。乌龙茶应采完整的对二三叶梢。闽南乌龙茶以小开面至中开面为宜；闽北乌龙茶以中开面至大开面为宜。白茶，如制白牡丹，应采肥壮的一芽二三叶，要求达到芽叶“三白”，即芽白，一二叶叶背白；制银针须采第一真叶刚离芽体尚未展开的芽（形如鹰嘴），然后剥离真叶（制红、绿茶），用单芽制成银针；贡眉采摘以一芽二三叶和幼嫩的对夹叶。

（2）采留时间。

①开采期。开采有两种含义：一是幼树开采，二是年、季开采。幼树开采依树龄、树势而定，一般种植后经3～5年管理，定剪和摘顶养蓬等，树高幅70厘米×80厘米时，就可以开始合理采摘。台刈重剪或经留养、压条复壮的茶树，前期应以养为主，并利用顶芽生长优势，适时分批摘顶，摘高留低，摘中留侧，促进分枝，待树高幅达到标准时方能开始合理采摘。

年、季开采期应根据越冬芽或其后各轮茶芽萌发（即鱼叶开展期）、长梢速度、留叶要求与各茶类采收标准等而定。在正常情况下，红绿茶区当10%～20%芽梢已达采摘标准时，即可开采。现有栽培品种，春茶萌发始期或盛期大多在3月下旬，早者3月上旬；迟者4月上旬，萌发后长至一芽三叶时，均需15天左右。因此，红绿茶每年头轮（即春茶）开采期，早芽种福云6号多在3月中旬前后；福鼎大白茶、福云7号等多在3月下旬或4月上旬；中芽种，如菜茶、毛蟹、梅占等多在4月上旬；迟芽种，如政和大白茶、水仙多在4月中下旬或5月上旬。盛采期早芽种多在4月中旬左右，中芽种多在4月下旬，迟芽种多在4月下旬或5月上旬。

由于春茶萌发集中、整齐，高峰期明显，茶叶产量占年产量

40%～60%，因此，掌握合适的开采期对提高茶叶产量、品质以及养树与调剂劳动等，都有好处。大型茶场和栽培无性系品种面积大的茶场，更应注意掌握稍早开采。同时春茶早、季季早，春茶迟、季季迟。头轮以后各轮开采期限，可以前一轮采后 30～45 天或大约 35 天为参数来推算。

②停采期。停采是指在每一年周期中，结束某片或某品种的嫩梢采收工作。停采期迟早，直接关系到当年产量与收入，也关系到茶树生长与来年产量。为此，必须根据当地气候条件，管理水平，青、壮、老不同茶树年龄的实际生长期，可采轮次等，制订出不同的停采期，不宜统一停采。如管理好、树势壮、留养好、早霜期较迟的，停采期可略迟些。一般可采至最后一轮或提前一轮结束，以增加当年产量，茶区一般可采到白露或秋分左右。如树势弱、管理差、早霜期早，或需要继续培养树势，可适当提前 1～2 轮结束，以留养秋稍，扩大树冠或复壮树势，提高或稳定来年产量。

(3) 采留方法。青年茶树前期应掌握以养为主，适当地采收，“打顶”为主。春茶后期留一大叶采，并及时采收下部对夹叶。对树冠表层嫩梢应多留叶，以利养壮树势，扩大树冠。壮年茶树，尤其对盛采的壮树，应以采为主，采养结合，按标准适时分批合理留叶采，做到采养结合，边采边养。对于树冠表层壮梢可留一叶采，其他可留鱼叶采；同时，应及时采摘丛里，下脚对夹叶，并除去花果枝，减少养分消耗。老树，应以采为主，适当留养，可春夏茶集中采，只留鱼叶，即多采少留(因为这类茶树长势弱，多半为对二、三、四叶梢)。秋茶集中留养、多留少采。但对于要改造的衰老树也可采取“春茶大采、夏茶改”的方法。

4. 采茶机具选用

我国对采茶机的研究是从 20 世纪 50 年代末期开始的，近年来进展较快。机器采茶已在部分地区和较大面积茶场推广，并已取得一定成效。

(1) 采茶机类型与采摘效果。我国研制并已提供生产上试用、试验的机型有 10 余种。采茶机的工作原理均属切割式。基本类型有往复切割式、螺旋滚动式、水平旋转钩刀式 3 种。动力来源分机动、电动、手动三种。

采茶机的工效与茶芽生产情况、操作者技术熟练程度及采茶机采摘幅宽度关系较大。机采的生产效率一般要比手采高 6～15 倍。如用机动螺旋滚切式采茶机(采摘水仙茶、梅占、毛蟹等品种),每台两人轮换工作,台时产量为 80～100 千克,比手采提高 10～15 倍。日本川崎单人采茶机,两人轮换操作,台时产量也可达 50～60 千克,比手采提高 8～10 倍。

采茶机的采摘质量以往复切割式为好,完整芽叶可达60%～70%,加上破碎但能制茶的部分鲜叶,可制率达 85%～90%。水平旋转钩刀式采茶机的完整芽叶为 40%～55%,可制率在 75%以上。螺旋滚切式采茶机的完整率芽叶只有 30%～40%,可制率在 50%以上。

(2) 机采茶树树冠的培养。现有研制的采茶机,没有选择性,只能采摘树冠面上的芽叶。如果茶树树冠不平整,发芽不整齐,生长势不旺盛,往往影响机采的效果,而且也会影响茶叶质量。因此,必须对机采茶树树冠进行必要的培养,以适应机械采摘。

准备实行机采的茶树,一般应视茶树的生长和树冠平整度等具体情况进行重修剪或轻修剪,剪后即可机采。约经一两年机采后,机采树冠便可形成。根据研究资料和国内外的经验,机采茶树树冠的高度,以 60～80 厘米为宜,过高过低都不便机械操作。如树高超过 1 米,则应进行修剪。

采用何种树冠形状,最适于机械采摘,这需要从茶叶单产、劳动强度、采茶工效等方面综合考虑。树冠形状对茶叶产量的影响,各地的研究结果不甚一致,有的以弧形产量为高,有的则以水平形产量为高,但一般差异不大明显。从劳动强度、采摘工效考虑,弧形树冠便于机采。因此,一般认为灌木茶树,宜采用弧形树冠;小乔木型茶树,则可采用水平形树冠。

(3) 机械采茶的几个问题及解决的途径。采茶机使用时间很短,目前,使用面积还不大,处于试验和试用阶段,初步发现了一些问题。

①鲜叶质量问题。目前,一般采茶机对芽叶的选择性还不理想,在同一时间与手工相比,机采鲜叶的质量一般低于手采的,主要是存在芽叶破碎、混杂和老梗老叶三大缺点。因此,机采的鲜叶,一般只能做中档以下的茶叶。这是一个比较突出的问题。根据各茶区的经验,如能在制茶工艺上采取一些技术措施,还可适当提高机采的品质。目前由于采工严重不足,手工采茶普遍存在大把捋、一扫光等粗采、滥采现象,造成老梗多、单片碎叶多、老嫩不均、大小不一的弊病;机采可保证鲜叶的整体质量,比手采提高一个等级。从长远的角度来看,选育并建立优良(如发芽势强、节间长、持嫩性强)的无性系茶树是十分必要的。从当前来看,一是通过修剪技术,培养适于机采的树冠;二是要研究提高机采的技术。

此外,如茶园面积较大,劳力紧张,芽叶不能及时用手工采下,采用机采,品质将不致因此而降低,甚至还可能有所提高。

②鲜叶产量问题。综合各茶区的实际情况,机采对鲜叶产量有一定影响。一般机采初期影响大,机采一两年后影响少,甚至没有影响,对茶树未形成采摘面的茶园影响大,已形成采摘面的影响小。春茶影响大,夏秋茶反而有增产效果。机采对鲜叶产量的影响,主要是漏采造成的。解决途径是除了通过修剪技术,培养好树冠外,可在机采初期,采用机采和手采结合采摘,效果更好。据安徽省祁门茶叶研究所等研究,先用机采,再进行人工辅采,或茶叶高峰期采用机采,其余采用手采,都比全机采有显著的增产效果。

③茶树长势问题。机采茶树经连续几年机采之后,生长势有削弱趋势。一般是芽密度趋于密集,新梢展叶数逐渐减少,对夹

二、三叶增多。百芽重减轻，机采条件逐渐恶化。这种机采茶园茶树生育的一般规律，手采茶树也同样存在，但机采园树势削弱的速度比手采园更快一些。这一问题，主要有赖于修剪技术和肥水管理来解决。据研究，采取重修剪以及增施氮肥、旱季灌溉等措施，对复壮树势、提高产量都有显著效果。

5. 采摘与留养

茶树采收的对象是新梢，采下的新梢多，产量就高，但同时茶树制造养分的能力就削弱了。要解决好这一矛盾，关键是要做到采养结合。

如何做到采养结合，在不同的茶树发育阶段应当采用不同的处理方法。幼龄茶园主要是培养树冠，应以养为主，同时根据情况适当采收一些茶叶，采摘应当服从以培养树冠为目的的留养需要。生产茶园则以采为主，适当留养。在春、夏、秋三个茶季中，春茶叶片质量好，留养春叶有利于树势，但对经济效益影响较大；秋茶留叶，因叶片生长期短，越冬期易遭冻害，因此，在生产上，在春茶后期或夏茶季节安排留叶较为合理。留叶以树冠面上的叶片相互密接、看不到枝干为适宜。

三、采摘方法

采收茶叶是种植茶树、建设茶园的主要目的，由于茶树是多年连续采收的农作物，采摘是否合理，既影响当年的产量、质量，又关系到今后茶叶的收成，因此采摘方法比较重要。

1. 手工采摘

手工采摘是大部分茶区采用的茶叶采收方法，特别是名优茶产区全部采用手工采摘。正确的手工采茶方法有掐采、提手采、双手采等。近年来，由于劳力紧张等原因，手工采茶质量普遍下降，产区出现了捋采、抓采等不科学的采摘方法，对茶叶质量与茶树树势都产生了不利影响，因此应当加以纠正。

(1) 采摘标准。采摘标准是指采茶时应遵循的芽叶的大小规格。生产上大致可分为三种:细嫩采、适中采、成熟采。细嫩采是指茶芽初萌发至第一叶或第二叶初展时进行采摘,一般名优绿茶采摘均属此类标准;适中采的标准是一芽二三叶及相同嫩度的对夹叶,是目前各种大宗茶的采摘标准;成熟采一般指在茶树新梢接近成熟时,采下一芽三四叶,如制作边销茶。采摘的长度大叶种一般以 3～4 厘米、小叶种以 2～2.5 厘米为好,要求大小均匀一致。另外,雨天不采,细瘦芽不采,紫色芽不采,风伤芽不采,虫伤芽不采,开心芽不采,空心芽不采,有病弯曲芽不采。

(2) 手工采摘技术。手工采摘的特点是:采摘精细,批次多,采期长,产量高,质量好,适于高档茶,特别是名茶的采摘,工效低,费工大。

①采摘方法。打顶采摘法是等新梢展叶五六片叶子以上或等新梢即将停止生长时,采去一芽二三叶,留下基部三四片以上大叶。一般每轮新梢采摘一两次。采摘要领是采高养低,采顶留侧,以促进分枝,培养树冠。

留叶采摘法(见图 2-6)是当新梢长到一芽三四叶或一芽四五叶时,采去一芽二三叶,留下基部一片或两片大叶。留叶采摘法常因留叶数量和留叶季节的不同而又分为留一叶采摘法和留二叶采摘法等。这种采摘方法的特点是采养结合。

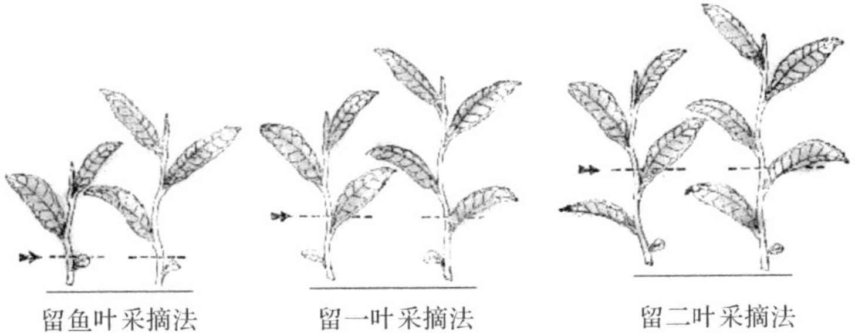

图 2-6　茶树采摘法

留鱼叶采摘法是当新梢长到一芽一二叶或一芽二三叶时，采下一芽一二叶或一芽二三叶，只把鱼叶留在树上。这是一种以采为主的采摘法，是名茶和一般红、绿茶的基本采摘方法。

②采茶手法。因手指的动作、手掌的朝向和手指对新梢着力的不同，形成各种不同的手法。

掐采。又名折采，是采名贵细嫩茶最常用的方法。左手按住枝条，右手的食指和拇指的指尖把新发的芽尖一二细嫩叶，轻轻地用力掐摘下来。

提手采。最普遍的方法，分为直采和横采。直采是拇指和食指夹住新梢要采摘的部位，手掌心向上，食指向上稍为着力，所采芽叶便可在掌心，摘满一手掌后，放入采茶篮。横采手法与直采相同，唯掌心向下，用拇指向内左右摘取所要采摘的芽叶，或用食指向内向上着力采摘茶叶。

双手采。左右手同时放置在树冠面上，应用横采与直接手势互相交替把合乎标准的新梢采下来。双手采茶须做到思想集中，眼到手到，采得准、采得快，采时手法快而稳，不落叶、不损叶，手臂不动，随着手掌频繁交往采下茶叶，两脚也必须随采的进度而交换位置。

③按标准及时采。茶树具有不断萌发新芽的能力，其采期长，可以多年、多季和多批次采摘。一方面，及时采下符合标准的新梢，能加速腋芽与潜伏芽的萌发，缩短采摘间隔期，有效提高茶叶产量。另一方面，茶叶采收具有很强的季节性，从春茶中后期开始至秋茶期间气温较高，芽叶生长快，若不及时采下符合要求的新梢，芽叶就会很快老化，自然品质变差。因此，实行按标准及时采茶，是取得优质高产的重要保证。

按标准及时采茶不能一概而论，应根据情况的变化适时调整。具体说来，一看气温变化，尤其是春茶期间更要注意。二看降雨情况，夏、秋季气温高，若降雨多，则茶芽萌发多。三看新梢生长状况，一般在每亩茶园能有 2～3 千克鲜叶可采时就进行撩头采，当新梢中有10%～15%符合采摘标准为开采适期。

④分批多次采。由于茶树发芽的不一致性，为了使加工的鲜叶原料整齐均匀，就应当进行分批采茶。分批采茶还有利于采摘、加工的劳力安排与茶厂的合理利用。一个茶季或一年的采摘批次受品种、气候、土壤、肥培水平、所加工的茶类等因素综合影响而有差异。如条件相同的茶园，采摘名优绿茶的批次就比采摘大宗绿茶要多；春季气温相对较高时的采摘批次就比气温平常的年份要少。目前在专业生产龙井茶的产区，春茶采摘5～12批，夏茶4～8批，秋茶10～16批，全年20～36批。

2. 机械采摘

大多数茶区，采茶是茶叶生产中耗工最多的一项工作，在采摘大宗茶的产区，采茶所需用工量占总用工量的60%以上，而且季节性强，必须及时采摘才能保证茶叶的产量与品质。同时，近一个时期以来，随着农村产业结构的调整，造成了许多茶区采茶劳力的紧张，出现了采摘粗放与采茶成本大幅提升的现象，影响了茶业经济的稳定发展。在这种情况下，推广机械采茶是解决这一问题的根本途径。实行机采，不但提高工效、降低成本，而且机采茶叶的质量能达到较高水平，明显优于手工粗放采摘的茶叶。

(1) 机械采摘应具备的条件。

①茶园条件。符合机械采摘的茶园应是平地或坡度在15°以下的缓坡条栽茶园，梯级茶园梯面宽在2米以上。茶园的种性较纯、发芽整齐、生长势强。树高保持60～80厘米，行间保留15～20厘米。新种植的茶园，在三次定型修剪后，即可采用机械采摘。生产茶园投产已有较长时间，或因其他原因导致树势衰败的，应通过重修剪等措施进行改造，待符合要求后再实行机械采摘。

②采茶机械选型及配套。采茶机械有各种不同的类型，应根据茶园的立地条件，区分是幼龄茶园还是生产茶园，合理地加以选用。平地茶园、缓坡茶园，可选用双人抬式采茶机；坡度较大的

茶园则选用单人操作的小型采茶机械较为合适；幼龄茶园以扩大树冠为主，宜用平型采茶机；生产茶园以采摘鲜叶获取产量为主要目的，宜选用弧形采茶机（平型树冠的茶园只能选用平型采茶机）；机采茶园一般采用修剪机进行轻修剪。修剪机的选型应与采茶机相配套，即弧形采茶机配弧形修剪机，平型采茶机配平形修剪机。

③机手与操作人员的业务培训。机械采茶是一项技术性较强的工作，因此参加机采工作的机手及操作人员应接受技术培训。培训内容主要有：机采茶园的树冠培育与肥培管理技术，机械的结构、性能与使用，机械常见故障及排除方法，茶园采茶与修剪的田间实际操作技术等，机手及操作人员在培训合格后才能进行实际工作。

（2）机械采茶的技术环节。

①机采适期、批次及留叶。采摘大宗红、绿茶的产区，春茶期间当80%的新梢符合采摘标准、夏茶期间当60%的新梢符合采摘标准时为机采适期。为提高经济效益，在春茶机采之前，可以先进行人工采摘，采下早发芽，加工名优茶，能够增加茶园的收益。机采茶园的采摘批次较少，一般春茶采摘1～2次，夏茶1次，秋茶2～3次。长期机采会造成叶层变薄、叶形变小等现象，影响茶树的生长发育。当叶层厚度小于0.1米时，应在秋季留一轮新梢不采或留1～2张大叶采。

②机械采茶的作业方法。

采茶铗。使用采茶铗时，左手、右手分别握住下方与上方的刀片木柄，右手同时应抓住集叶袋的出叶口，一条茶行分两次在两侧采茶。铗茶时先靠左侧向前采收，到茶行终点后，接着靠另一侧往回采收。

单人采茶机。单人采茶机由两人配合进行操作，一人双手持采茶机头采茶，另一人提集叶袋协助机手工作。采茶时，机头在茶行蓬面作“Z”字形运动，从茶行边部采向中间，分别在两侧各采一次。作业时，一般采用机手倒退、集叶手前进的方式在茶行间行走。一般1台单人采茶机可管理茶园25亩左右。

双人采茶机。双人采茶机一般需3～4人共同工作，其中主机手1人、副机手1人、集叶手1～2人。采茶时，主机手与副机手分别在茶行的两侧，主机手背向机器前进方向倒退作业，并掌握机采切口的位置；副机手在面向前进方向，略滞后主机手40～50厘米的距离，使采茶机与茶行保持15°～20°的夹角；集叶手走在主机手一侧的茶行间，协助机手采茶或装运采下的茶叶，每条茶行在两侧来回各采一次。一般一台双人采茶机可管理茶园80亩。

(3) 机采茶园的配套修剪制度。

①掸剪。机采茶园在机采后，由于萌发较迟的茶芽徒长等原因，常引起采摘面上部分枝叶突出。为使采摘面平整，保证下次机采的质量，每次机采后一星期左右应进行一次掸剪，剪去树冠面突出的枝条。

②轻修剪。为维持茶树生长势，调节发芽密度，机采茶园每年春季应采用机械进行轻修剪，修剪深度为3～5厘米。

③深修剪。茶树连年机采后，树冠上层形成密集的细弱枝，叶层变薄，茶树的生长势明显变差，需要采用深修剪的办法来恢复树势，一般修剪深度为10～20厘米。

④重修剪。经过长期的机械采摘后，茶树分枝衰退，生长势减弱，产量、品质显著下降。在这种情况下，应对茶园进行重修剪，重修剪程度为离地30厘米左右。

3. 各类茶园的具体采法

(1) 茶树定型修剪期采摘法。将处于规定修剪高度以上15厘米的芽叶按一芽三叶标准采下，如芽已硬化粗老者，可酌情采一芽二叶，甚至一芽一叶。

(2) 幼龄茶园采摘法。第三次定型修剪后至最后定型(90厘米)期间，坚持以养为主，打顶轻采。即当新梢长到一芽四至六叶时，留二至三片真叶采一芽三叶。采摘时，注意采高养低，采密养稀，采内养外，采瘦养壮，采中间养四边，以培养树幅。

（3）正式投采茶园采摘法。轻修剪后，新梢生长到一芽四五叶时，采一芽三叶、一芽二叶、一芽四叶初展。未修剪的茶园当新梢生长到一芽三四叶时，留一片真叶采一芽三叶、一芽二叶，此后根据情况分别采用留一片真叶或留鱼叶采。每次采摘都应把对夹叶及时采净。年终最后一批茶叶，采后就修剪的，不留叶全部采下嫩叶，另行加工；采后封园的，留一片真叶采。每季茶叶结束时，对细弱密集的芽叶，要翻蓬搜采，以降低茶树营养消耗，使茶蓬松散，通风透光。

（4）多次补种缺株的茶园采摘法。由于茶园多次补缺，树龄不一，高幅参差。小茶树均处于不同的定型修剪时期，应予留养不采或区别大小打顶。打顶时对低分枝、外围枝要严格控制，严禁将小茶树的芽一扫而光。对生长差的地段，应划出留养，留养期间，派专人对其中的大茶树进行拣采。

四、鲜叶处理

鲜叶采回后，由采摘管理人员从几个方面进行验收：原料整体是否符合制茶的要求；同一批鲜叶大小、色泽是否一致；鲜叶是否成朵、不碎，有无红变。若有不合要求的，要及时处理。鲜叶进厂到付制前，要经过摊放和筛分。摊放前要做到五分开：一是不同品种的鲜叶要分开；二是晴天叶与雨水叶要分开；三是壮年茶树叶与老年茶树叶要分开；四是阳坡茶树叶与阴坡茶树叶要分开；五是上午采的叶与下午采的叶要分开。

摊放目的，一是提高茶叶品质。鲜叶采下后就炒制，制成的干茶有青臭气，摊放后则无青臭气。露水叶和粗壮、含水量高的鲜叶，不经摊放制成的干茶，颜色发黑，团块很多，茶叶表面粗糙不光洁。摊放后再炒制成的干茶，色泽翠绿、无团块、表面光洁，茶叶品质明显提高。二是提高工效和节省能源，降低成本。如以手工炒制一级龙井茶的青锅为例，每锅投叶150克，在75～80℃下炒制，不经摊放的鲜叶需17分钟，而经过摊放失水在10%～15%的鲜叶只需15分钟。高档龙井茶鲜叶不能超过3.5厘米；中档龙井茶以7～10厘米为宜；低档龙井茶可以达到24厘米或更厚一些。

摊放程度必须达到失水率10%～15%的标准。摊放时间要视天气而定，一般为8～24小时。使鲜叶水分均匀地散出，一般4～6小时就要轻轻翻叶1次，翻叶过重会损伤芽叶，产生红变，影响成茶品质。如果天气干燥，茶叶来不及炒制，可以不翻叶，但要关闭门窗。摊放若干小时以后，由于一部分鲜叶已经失水较多，开始干瘪，可以用手轻轻抓起，先行炒制。

名优茶的采摘要求是非常严格的，但无论采得怎样精细，仍然难免会有部分芽叶被采碎，也难免混有少量不符合采摘标准的芽叶。为了便于炒制，提高品质，所以在炒制之前必须对原料进行分筛。

分筛一是因为鲜叶大小不同，炒制时需要的温度也不相同。二是因为用大、中两种鲜叶需要的温度采炒制，势必使小的鲜叶因锅温太高而炒焦；如果用中、小两种鲜叶所需的温度采炒制，则会使大的鲜叶因温度达不到要求而产生红梗红叶。为了使大、中、小三种鲜叶制成干茶外形大小均匀，进行分筛就可以做到分开炒制，大的鲜叶可做得紧一点、小一点，小的鲜叶可尽量做得宽扁一点、大一点，这样炒制出采的干茶拼和后大小均匀，外形美观。成年茶树的鲜叶，梗子细、叶张薄，炒制时要求温度低一些，若将它与幼龄茶树的叶张厚、芽头大、梗子粗的鲜叶混在一起炒制，结果会使前者由于温度太高而出现焦边，后者由于温度不够高而出现红梗红叶。阳坡茶树的鲜叶，色泽亮绿，芽短粗，节短，叶片着生角度大，阴坡茶叶正相反，平地茶叶色绿且发乌，若将它们混在一起炒制，会使制成的茶叶色泽复杂，长短不一。

第三章　茶叶加工技术

茶叶加工技术是决定茶叶品质的关键技术，也是茶叶生产实现从茶树鲜叶到茶叶产品的必需过程。茶叶加工技术是一项系统的工程，它包含一系列的必需环节和内容，本章按照生产实际流程依次从茶厂规划与设计，茶叶加工机械，名优茶机械配置与加工工艺，茶叶的精制与拼配和茶叶的包装与储藏等来详细介绍茶叶加工技术。

第一节　茶厂规划与设计

茶厂是将茶树鲜叶原料转变成茶叶产品的加工场所，其环境条件、厂房设备、加工过程是有害微生物和重金属的重要潜在污染源之一，其状况如何，对保证成品茶质量和最大限度地发挥原料价值起着决定性作用，对茶叶产品质量安全起着至关重要的作用，也是实行茶叶卫生和质量安全管理的关键控制点。

因此，在进行茶厂规划与设计的时候，需要严格按照下列基本要求进行，以确保茶业产品卫生和质量安全，以及茶产业的健康可持续发展。

一、厂址选择与环境要求

选择厂址要考虑以下四个问题：一是茶鲜叶不宜长距离运输；二是鲜叶生产具有季节不平衡性，高峰期的鲜叶要及时运输和处理；三是加工场地及加工过程要求安全、卫生，环境良好，无污染源；四是加工产品商品性强，要快制快运。

茶厂环境要求地势干燥，远离排放“三废”的工业企业，周围不得有粉尘、有害气体、放射性物质和其他扩散性污染源，离开经常喷洒农药的农田100米以上，离开交通主干道20米以上。茶厂所处的大气环境不低于GB 3095—1996中规定的三级标准要求。

综合考虑，茶叶加工厂应选在交通方便，与茶园相隔距离不远，并远离有毒、有害物质及有异常气味的场所。

二、建厂规模

茶厂的规模应根据全年加工量和最高加工量，结合茶厂发展规划而定。有关车间的面积计算方法如下。

1. 确定最高日产量

以全年茶叶总产量的3%～5%，或春茶产量的8%～10%计算，也可用春茶高峰期中的日平均产量作为最高日产量。

2. 确定茶机配备数量

先确定茶机日产量，并按每台茶机每天工作20小时，求出茶机台数。

茶机日产量＝台时产量×20

茶机台数＝茶机最高日产量÷茶机日产量

＝茶叶最高日产量÷(台时产量×20)

上述公式的计算结果往往有小数，按经验和考虑生产发展余地，常以2舍3入，使结果为整数，每种茶机需要数量的总和为茶机总台数。

3. 确定厂房面积

茶厂由加工(摊青、贮青、初制、包装)车间、仓库、生活用房等组成，设计茶厂面积时，可参阅下列数字。

(1) 大宗茶摊青车间。按每 100 千克鲜叶需 6～8 平方米计算。

(2) 贮青车间。按 100 千克鲜叶需 2.4～2.6 平方米计算。

(3) 初制车间。按茶机(不含贮青)总台数的面积之和乘以 8 计算。

(4) 茶叶仓库。按贮量 250～300 千克/米^2 计算。

(5) 包装车间。按茶机占地面积乘以 10 计算;手工包装 10 人以内按每人 4 平方米算,10 人以上按每人 2～3 平方米计算。

三、厂区布局

厂区应根据加工要求合理布局,生产区与生活区隔离。厂区应整洁、干净、无异味。厂房和设备布局应与工艺流程和生产规模相适应,能满足生产工艺、质量和卫生的要求;应根据当地地理位置选择合理的朝向,锅炉房、厕所应处于生产车间的下风口;仓库应设在地势高处,地面下设通气孔,要求门少、窗高而小、密闭性强;揉捻(切)车间要设有给水管道、暗排水沟;司炉应尽量设在车间墙外;精制车间地坪应比室外高 40～50 厘米。茶厂设计除上述要求外,还要有安全(防火、防盗)、卫生、通道等要求,缺一不可。茶厂卫生要求茶厂的规划设计与布局必须符合 QS 与 GMP 的布局和管理要求。

四、生产车间

初制生产车间一般由贮青间、加工间、包装间等组成,面积应与加工产品种类、数量相适应,地面应坚固、平整、光洁,便于清洁和清洗。有良好的排水系统,墙壁无污垢。贮青间应独立设置,贮青车间面积按大宗茶鲜叶堆放厚度不超过 30 厘米(或按每 100 千克鲜叶需 6～8 米)标准确定,设备贮青按设备作业效率确定。成品仓库应设在干燥处,地面垫板高度不得低于 15 厘米。车间照明以不改变茶叶在制品的本色为宜,宜装配日光灯,光照度达到500勒克斯以上。车间墙壁宜用白色瓷砖砌成1.5米高的墙裙。车间门窗安装纱门、纱窗或其他防蚊蝇设施。加工设备的各种炉火门不得直接开向车间,燃料及残渣应设有专门存放处,车间的噪声应控制在80分贝以下,车间层高不低于4米。

五、加工设备

直接接触的设备、用具和零部件应该使用无毒、无异味、不污染茶叶的原材料制成。提倡使用不锈钢材料制造茶叶机械,尤其是接触茶叶的零部件,也可适当使用食品级塑料、竹、藤、无异味木材等材料加工制茶设备和用具,不宜使用含铅较高的铜材及铝材等加工直接接触茶叶的茶机零部件。

六、卫生设施与管理

茶叶加工厂应符合国家规定的食品卫生许可制度,做到凭证生产。

车间进口处应设更衣室,更衣室与车间设通道。有相应的盥洗、防蝇、防鼠、防蟑螂、污水排放、存放垃圾和废弃物的设施。厕所有化粪池,有冲水、洗手等设施。在加工、包装、贮存过程中,避免茶叶与地面直接接触。与茶叶接触的物品与场地应符合食品卫生要求,禁止与有毒、有害、有异味、易污染物品接触。非加工茶叶用的物品不得放在加工车间内。加工厂应制定相应的卫生管理制度并明示。加工厂应记录、保存各项原始记录。

七、加工人员

茶叶加工及有关接触茶叶的人员应持有效的健康合格证,上岗前要参加制茶技术和相关卫生知识的培训。进入车间应着工作装、戴工作帽、净手、换鞋。头发应藏于帽子内,不得染指甲,涂口红和使用其他化妆品。离开工作现场应换下工作衣、帽和鞋,置于更衣室内。加工及有关人员应保持良好的个人卫生,禁止在车间内吃食物、吸烟和随地吐痰。

第二节　茶叶加工机械

随着经济和社会的发展，劳动力成本越来越高，机械化作业成为我国现代农业的发展趋势，我国茶叶加工机械发展非常迅速，大宗茶加工机械化程度较高。目前，名优茶加工机型齐全，各环节已经实现机械化，部分名优茶的加工甚至已经实现了全程自动化，为我国现代茶产业的发展打下重要的基础。

名优茶加工机械按照茶叶种类可分为名优绿茶加工机械、名优红茶加工机械和名优乌龙茶加工机械等；按照加工环节可以分为鲜叶处理机械、杀青机械、做形机械、干燥机械和精制机械等。

一、鲜叶处理机械

鲜叶处理机械主要包括鲜叶采摘后的摊放、萎凋、分级、脱水等处理，通过使用鲜叶处理机械对鲜叶进行处理后，可以使得茶鲜叶更加适合后续的加工操作。

1. 鲜叶摊放（萎凋）机械与设备

鲜叶摊放（萎凋）机械与设备主要利用风机、温湿度控制器和光热等设备组合来实现茶叶水分的散失，鲜叶由坚挺变得柔软，青草气较少，进而茶鲜叶的清香显露，利于茶叶的杀青等后续加工，有助于改善茶叶的品质，提高茶产品的质量。

2. 鲜叶分级机械

鲜叶分级机械是进行机采机制的关键，在名优茶实现机器采摘的过程中，茶鲜叶大小不匀，不利于名优茶的加工，因此需要进行鲜叶分级，然后分开炒制，通过分级茶叶匀齐一致，可按不同规格加工，达到提高茶叶品质的目的。常见的机型有 6CD-70 型茶鲜叶分级机，还可以利用风选机、圆筛机、滚筛机等来实现鲜叶分级，获得不同的效果。

3. 鲜叶脱水机械

常见的鲜叶处理机械是鲜叶脱水机。该机的工作原理与家用洗衣机的脱水装置相似，由转筒总成、机体、坐垫总成、刹车装置、电动机及开关组成。转筒直径为 65 厘米，工作转速为 940 转/分，雨水叶装入网袋放入转筒，经高速旋转，叶面水被脱去。该机由电气开关控制运行和停车，并由刹车装置使转筒克服惯性，快速停车。

二、杀青机械

杀青是绿茶加工中的重要工序，杀青的好坏直接影响茶叶的品质，杀青机械种类繁多，根据杀青原理不同，可以分为锅式杀青机、滚筒杀青机、蒸汽杀青机和微波杀青机等，这些杀青机械的杀青效果和功效各有不同。

1. 锅式杀青机

锅式杀青机主要为炒锅类型，常见的机型为龙井茶炒锅、生产径山茶的斜锅等，燃料有电力，也有煤饼、柴火等，主要用于杀青和二次杀青。锅式杀青机成本较低，操作方便，适合鲜叶量较少的农户进行茶叶炒制，但不适合连续化和自动化的生产需求。

2. 滚筒杀青机

滚筒杀青机具有茶叶鲜叶杀青、滚炒等功能。其结构包括机架、传动机构、滚筒以及左侧的进料斗，滚筒下面的加热装置，滚筒顶部的热风包、风机、进风管。其结构特点是：在滚筒背部设置热风包，热风包内空气吸收热源装置产生的余热，风机向热风包吹入热气，热空气由滚筒进茶口吹入滚筒内。在出叶口设置扬叶器，对杀青后茶叶强制风冷。滚筒杀青机较锅式杀青要更加方便快捷，日处理鲜叶量也较高，适合小规模茶叶加工厂使用。常见的机型有30型滚筒杀青机，鲜叶日采收量较大的还可以使用70型滚筒杀青机。滚筒杀青机作为一种传统应用的机型，杀青质量较好，价格低廉，操作方便，有各种规格大小的机型可供选用，各类大宗绿茶和名优绿茶加工中被广泛应用，是目前生产中使用的主体类型。

3．蒸汽杀青机

蒸汽杀青机是一种应用常压100℃蒸汽杀青原理的杀青机，它由网带、蒸汽发生器、机架和传动机械等部件组成。蒸汽杀青是使杀青叶直接与蒸汽接触，蒸汽对鲜叶穿透力强，因而叶温升高快，在半分钟内完成杀青工序，所获得的绿茶产品芽叶完整，色泽绿翠，汤色绿亮，香气独特，不仅完全避免了传统绿茶制法所产生的烟焦味，而且在很大程度上可消除夏秋茶的苦涩，较易实现加工的连续化。蒸汽杀青的不足之处是其杀青叶的含水量比锅式及滚筒式杀青的要高些，不利于后续的揉捻。

4．微波杀青机

微波杀青机在茶叶杀青上的应用主要是产生的热效应。当磁控管产生微波辐照到茶叶，茶叶内部的极性分子由于受微波周期性变化的影响，会随微波进行周期性活动。微波的频率很高，茶叶内部分子高速碰撞产生的大量摩擦热量迅速提高了物料的温度，从而达到快速升温的效果，进而通过热作用钝化了多酚氧化酶的活性，蒸发部分水分。与传统杀青方式相比，由于加热时间短，内外温度一致，具有杀青均匀、能干燥、较清洁、能更好地保持茶鲜叶的营养成分和特色、易实现自动化控制和提高产品质量等多重优点，因而在茶叶生产上有一定的应用前景；其缺点是成本投入较大、能耗比较高。

三、做形机械

1．扁形茶做形机械

(1) 槽式名茶多功能机。槽式名茶多功能炒制机是一种可以用于扁形茶杀青、理条、做形等集合多种功能于一体的扁形茶炒制机。这种炒制机因整理条索功能比较突出，又被称为“理条机”。它由多槽式长形炒叶锅、机架、热源、控温仪器、传动机构和加压棒组成。该机器作业较成熟，机型非常丰富，有三槽、五槽、六槽等多种；热源有木炭、煤、柴和电热等多种类型。采用该炒茶机生产的扁形茶具有条形扁平挺直的特点，曾广泛应用于扁形茶的炒制，不过由于该机器没有翻炒的动作，存在干茶色泽偏黄、香气滋味不佳等缺点。随着长板式龙井茶炒制机的出现，槽式名茶多功能机更常见应用于长板式龙井茶炒制机的辅助理条。

(2) 旋转长板式龙井茶炒制机。旋转长板式龙井茶炒制机，由长形半圆炒叶锅、长形炒叶板、传动机构、热源装置、控温仪表和机架等组成。半圆形炒茶锅用薄钢板卷制，直径约 60 厘米，安装在机架上，锅的上口后半部装有挡叶罩板，中部装有主轴，主轴两端分别装有 4 根放射形的撑杆，每两根撑杆间沿轴向装置一块长形炒叶板，形成 4 块长方形炒手，炒板上敷有弹性层，弹性层在无毒纤维材料上覆棉布而制成。锅的下方装有热源装置，热源形式有电、炭、煤和柴等，用电时，使用温控仪调控锅温。传动机构带动主轴和炒手机构做 360°旋转，并由两根吊杆与机器下方的踏板或手摇柄相连，当操作者用脚踏板或手摇柄调控加压时，长形炒叶板即对加工叶加压。

该机作业时，将炒手与锅体的间隙调整到合适位置，以保证对加工叶的正常翻动和理条。当锅温达到杀青要求时，投入经过摊放过的鲜叶进行炒制，这时仅使用板形长炒手对鲜叶进行翻炒，一边杀青失水，一边进行理条，经 1～2 分钟杀青叶回软后，脚踏板加压或摇动加压手轮使炒板触接杀青叶进行理条，在杀青和理条结束时，适当降低锅温，在炒板运行到下部有叶位置时，操纵加压机构，炒板对加工叶加压，并且随着炒板与锅体的相对运动，对加工叶又形成捺和磨的作用，加压程度以炒制叶手感湿软而不触手、不结块为宜。当在制叶含水率在 25%左右即完成青锅的炒制，出锅摊凉。

辉锅阶段的炒制与青锅的后半段基本相同，只是锅温和压力作适当调整，炒至茶叶含水率达到6%以下时出锅，这一过程也可用手工来完成。

(3) 往复长板式龙井茶炒制机。这种炒制机器的总体结构、主要作业部件和作业形式与旋转形式炒制机相同。不同之处在于炒板的运动方式为往复式，使炒板在对加工叶加压时，增加了一个或两个前进和后退的磨撩动作，这样就对茶叶增加磨光的次数，整个加工过程掌握的要领与旋转式炒制机相仿。

(4) 扁形茶辉干机。扁形茶辉干机又称扁形茶脱毫磨光机，广泛应用于扁形茶的加工。生产中使用的圆筒式辉干机分单筒式和双筒式两种，单筒式常被称之为圆筒式扁形茶辉干机。圆筒式扁形茶辉干机的主要结构由筒体、炉灶、温度控制装置、传动机构、罩壳和机架等部分组成。按筒体大小分为多种型号。

2. 卷曲形茶做形机械

(1) 揉捻机。揉捻机是卷曲形茶做形过程中必须用到的一种常规机械，主要作用是通过揉捻使茶鲜叶条索紧结，更加易于卷曲成形，并适度破坏叶细胞。揉捻机的型号较多，常见的机型主要有6CR-15型、6CR-20型、6CR-25型、6CR-30型、6CR-35型等，其基本结构主要由揉桶、揉盘、加压装置、传动机构和机架等组成。揉桶一般采用铜板卷制，它固定在揉桶三角框架上，工作时由传动机械通过曲柄带动在揉盘内做水平回转运动。如常用的6CR-25型名优茶揉捻机揉桶直径为25厘米，桶高19厘米，每桶可揉捻杀青叶1.5～2.0千克。

(2) 曲毫机。曲毫机是卷曲形茶叶制作过程中做形工序最重要的机械设备，起到卷曲成形和初步干燥的作用，经过曲毫机处理，茶叶卷曲状外形初步成形。常见的机型有6CCQ-50型曲毫炒干机、6CSG-50CD7型双锅曲毫机、6CRQ-60型瓶式曲毫机以及6CB-180型碧螺春整形机等。

（3）提毫机。名优茶提毫机适用于各种名优茶的提毫工序。该机以珠茶成形炒干机为基本结构，由锅灶、调位装置、传动系统和曲轴炒叶板组成。名优茶提毫机的工作原理，是曲轴炒叶板下沿带有波浪形曲线突起，或在弧形炒手上设有数个锥形凸起，曲轴炒叶板沿锅面往复摆动，使茶叶在往复摆动的翻炒过程中不断地将其在揉捻过程中被茶汁黏紧在茶条上的毫毛产生松动而显露出来，从而达到茶叶"茸毫披露"的目的。目前常见的提毫机机型有6CLh-40(D)型六角提毫辉干机、6CLh-40型提毫辉干机等。

3. 针形茶做形机械

（1）精揉机。茶叶精揉机最早在日本茶叶生产中使用，后我国也根据其原理制造过多种类似型号的茶叶精揉机，主要用作针形茶或条形茶的做形。精揉机一般包括机架、揉锅和其下的热源、振摇装置、驱动部及传动系统、输送机等，其主机是由揉锅和揉罩装置组成，揉罩装置由揉手装置和炒手装置组成。其特征在于所述的机架上设有揉手装置，揉手装置下方有揉锅，揉锅呈凹圆柱形，内锅底截面为锯齿形，使茶叶呈加压状态在弧形揉锅中来回搓揉，既进一步挤压出叶内水分，茶叶又受揉锅的传导热的作用在整形过程中进一步蒸发水分，在降低含水率的同时形成圆形针状外形。

（2）名茶多功能机。名茶多功能机即前面所讲述的扁形茶炒制杀青、理条的槽式名茶多功能炒制机，它既可以用作扁形茶的加工制作，又常用于针形茶的做形。由于价格便宜，操作简便，较之精揉机推广发展前景更好。目前名茶多功能机机型较为丰富，还有大量根据其原理发展的专门生产针形茶的针形茶成形机，如华中农业大学研制的6CZZ-600型针形名优茶做形机等。

四、干燥机械

1. 烘干机

（1）盘式烘干机，也称抽屉式烘干机，由热源、引风机、烘盘、烘箱等机构组成。热源有电热式和煤柴两用金属式热风炉供热风两种形式。烘盘以冲孔板或铜丝网作底，配以木质边框，状似抽屉，插入烘箱内，层数以设计摊叶面积而定，有 2～6 层不等，摊叶面积为 0.5～1 平方米。

（2）手拉百叶式烘干机。名优茶烘干多选用摊叶面积为 3 平方米的 6Ch-3 型，结构与大生产中使用的手拉百叶式烘干机相似，由烘箱、风机和热风炉等机构组成。烘箱内有 5 层百叶烘板，百页烘板用薄钢板冲孔制成，烘箱通过风管与引风机和金属式热风炉相连接。

（3）自动烘干机。自动烘干机与大生产中使用的大型自动链板式烘干机相似，由上叶输送装置、烘箱、传动机构、风机和热风炉等机构组成。所不同的是上叶输送装置和烘箱内的烘层由金属网带组成，共有 3 组，每组自成无端回转形式，两边以链条固定牵引，上叶输送装置与最上一组烘层做成一体，烘层全部安装在烘箱内。作业时，金属式热风炉产生的热风，由风机分层燃入烘箱内各烘层，传动机构带动上叶输送装置和各层网带运转，上烘叶由上叶输送装置送到上层网带，随网带不断前进，并顺序落到第 2 层、第 3 层，热风不断穿透网带上的叶层，使叶内水分蒸发，完成烘干过程。这种烘干机，生产中使用的有摊叶面积分别为 0.75～2 平方米的多种型号，台时产量为 5～15 千克干茶。其优点是能够自动连续作业、操作方便，但机器结构复杂、造价较高。

2. 炒干机

（1）滚筒式（瓶式）茶叶炒干机。滚筒式炒干机的炒茶部件是一个旋转的圆筒形滚筒，架设在加热炉上直接加热，茶叶在滚筒内随筒体旋转而滚翻。该机用于茶叶复二青理条炒干作业，所制茶叶条形圆紧，色泽翠绿，汤色明亮，香气高。型号主要有 6CCP-100、6CCP-110、6CCP-120 型等。

（2）锅式茶叶炒干机。锅式炒干机通常由两个并列的夹层炒锅构成，通过管道向夹层内送入蒸汽加热，锅内设有炒叶器翻炒茶叶，型号主要有81型和34型锅式炒干机。

五、精制机械

1. 风选机

茶叶的风选是茶叶精制中的一个重要工序，它的作用主要是使茶叶根据轻重不同而分别开来。茶叶风选机又称风力选别机。风机通过无级变风把手调节风速、风压，使茶叶分别按其轻重定级。整机分主机和辅机两个部分。主机由风选箱、风机等组成。风选箱与风机之间用导风管装置连成一体，使风选箱风道与风机沟通。电动机通过三角皮带直接连于风机轴皮带轮，带动风机旋转。茶叶由进料斗输送带送入接料斗，通过电磁振动器使茶叶均匀进入风选箱内。由于风机旋转使空气流动的作用，使轻重不同的茶叶沿着风选箱飘移落到不同距离的各档出茶斗（茶叶越轻飘移越远）。出茶斗前档的出茶口，用于茶叶内混入杂物时单独选出。风机分成两档转速，通常采用第一档508转/分，粗重茶采用第二档600转/分，风力大小也可根据需要进行调节。

2. 捡梗机

捡梗机是珠茶、眉茶等大宗茶类精制过程中的重要设备，机器型号较多，根据茶梗分离的原理不同，主要有三类捡梗机，即阶梯式捡梗机、静电捡梗机和光电捡梗机。光电拣梗机是根据茶叶和茶梗的不同颜色，对不同波长的光波有不同反射率的原理设计的，它由排队装置和机架、光箱和电路组成。静电拣梗机是利用茶叶与茶梗含水率差异，通过电场力的作用使得茶梗和茶叶吸力的差异而形成一角差，再通过分离机构达到分拣的目的。阶梯式捡梗机主要由机架、筛床、传动结构、提升系统组成，筛床由四层不同孔目的筛面组成。它利用茶梗与茶叶长短不同的原理，将经过筛分和风选以后的茶梗混合物，通过振动槽板和拣梗轴将较长的茶叶梗送越槽沟，使茶叶与茶梗分离，在拣梗的同时也有区分茶条长短的作用。

3. 筛分机

筛分机主要有圆筛机和抖筛机，平面圆筛机是茶叶精制的重要机具之一，在制茶业中被广泛使用。它使长短、大小不同的茶叶，依次在几层筛上分成数档。可进一步提高平面圆筛机的生产率、筛分质量，提高茶叶的筛净率，减少误筛率和碎增。平面圆筛机的加工对象为干茶粒，其外形一般为球状、柱状及扁平状的散粒体。鼓粒体受外力作用在运动中具有自动分级的性质，按比重、粒度、形状和表面特性的差异分成不同的层次。比重小、颗粒大而扁、表面粗糙的颗粒浮在上层；比重大、颗粒小而圆、表面光滑的落入下层；中间层为混合物料。物料颗粒之间的摩擦力越小，空隙度越大，越容易产生自动分级。颗粒的比重、粒度形状和表面状态差别越大，自动分级的层次越清楚。

4. 色选机

茶叶色选机是指利用茶叶中茶梗、黄片与正品的颜色差异，使用高清晰的CCD光学传感器对茶叶进行精选的高科技光电机械设备。茶叶从顶部的料斗进入机器，通过振动器装置的振动，被选物料沿通道下滑，加速下落进入分选室内的观察区，并从传感器和背景板间穿过。在光源的作用下，根据光的强弱及颜色变化，使系统产生输出信号驱动电磁阀工作将异色茶叶吹至接料斗的废料腔内，而好的茶叶继续下落至接料斗成品腔内，从而达到选别的目的。与人工挑选相比具有省工、省时、效率高和加工成本低的优点。目前，在乌龙茶的精制加工中应用较广。市场上主要的茶叶色选机有6CSX-128茶叶色选机、6CSX-192茶叶色选机、6CSX-256茶叶色选机等。

第三节　茶叶机械配置与加工工艺

一、扁形茶机械配置与加工工艺

外形呈扁平条形的名优茶，主要有龙井、旗枪、大方等。这类茶叶机制的机具选配，主要有龙井茶电炒锅，30型名茶杀青机、多功能机。制作扁形茶依原料嫩度不同，工艺有所差异，使用的机具也就不同。

高级扁形茶。主要选配龙井茶电炒锅。制作工艺是鲜叶—摊放—青锅(龙井茶电炒锅)—摊凉—辉锅(龙井茶电炒锅)—过筛割末—簸片—成茶。

中级扁形茶。选配30型名茶杀青机、多功能机、扁形茶炒制机。制作工艺是鲜叶—摊放—杀青(30型名茶杀青机)—初炒(多功能机)—摊凉—辉锅(扁茶炒制机或龙井茶电炒锅)—过筛割末—簸片—成茶。

中下级茶。选配30型名茶杀青机、扁茶炒制机。制作工艺是鲜叶—摊放—杀青(30型名茶杀青机)—炒坯(扁茶炒制机)—摊凉—辉锅(扁茶炒制机)—过筛割末—簸片—成茶。

下面以龙井茶的炒制为例，详细介绍扁形茶的机械配置与加工工艺。

1. 鲜叶采摘

把好鲜叶采摘关是制好龙井茶的基础。鲜叶采摘必须坚持按标准、及时采摘的原则，推行提手采摘法，一级龙井茶的鲜叶标准是一芽一叶或一芽二叶初展，并做到“三不采、四不带”，即不采碎芽叶、病虫叶、紫芽叶，不带鱼叶、蒂头、老叶、异物。

2. 鲜叶摊放

摊放是保证龙井茶品质必不可少的一个工序。

摊放的目的，一是促进内含物质的转化，去掉部分青草气，改善和增进干茶的色泽、香气、滋味；二是散发水分，提高制茶工效，节省能源，降低制茶成本。

摊放要做到五分开，即一是不同品种的鲜叶要分开；二是晴天叶和雨水叶要分开；三是粗壮芽叶和瘦薄芽叶要分开；四是阳坡地和阴坡地茶树叶要分开；五是上午采和下午采要分开。

鲜叶要摊放在软匾或竹席上，放在阴凉、干燥、通风的地方，厚度 1.5～3 厘米，时间一般为 4～12 小时，以鲜叶开始萎缩，叶质由硬变软，色泽由鲜绿转为暗绿，失去光泽为适度。

3. 青锅

青锅的主要目的是杀死鲜叶中酶的活性，制止红变，确保绿茶清汤绿叶的品质特征，并散发水分，初步做形、做色，为辉锅打基础。青锅采用手工青锅或机械青锅。

(1) 手工青锅。等到在锅里擦抹的少许制茶专用油迅速汽化冒白烟，但锅底尚不立即收干时，青叶可以下锅，高档龙井茶的投叶量为 2～3 两，中低档茶适当增加。青叶下锅后，开始用手拓起茶叶，然后以抖为主，散发水分，要抖得散、匀，一般 2～3 分钟以后，改用搭、拓、抖的手法进行初步做形。抖的时候，手中的茶叶要齐、集中、平整，并且要逐步增多。搭、拓的压力要由轻到重，锅温要先高后低。炒至茶叶摸去有干燥、触人的感觉，七成干时可以出锅，一般历时 12～15 分钟。

拓。大拇指叉开，四指微张，手心向下，做到手贴茶、茶贴锅，轻轻地把茶叶从锅底向锅壁上拓起来。它的作用是把锅中茶叶拓起来，便于抖，使茶叶扁、平，青锅、辉锅都要用上。

抖。拓到近锅边时把茶叶托在手中，大拇指叉开，四指并拢，手掌平展，提到离锅面 5～10 厘米处时整只手上下抖动，把茶叶均匀地抖落到锅底。它的作用是散发水分、理条、做形，青锅、辉锅都要用。

搭。大拇指叉开，四指并拢并翘起，手掌放平，将手中的茶叶连手带叶搭到锅底中心位置，再把茶叶拓起来。它的作用是压扁茶叶，在青锅及辉锅的下锅阶段要用上。

(2) 机械青锅。龙井茶炒制机械基本上有两种：三锅炒制机(三槽式)和单锅炒制机(单槽式)。目前，普遍使用的三锅型号有6CC-350型、6CC-73D型，单锅型号有6CC-180型。下面分别介绍三锅和单锅炒制机的操作过程和调试要点。

①三锅名茶机械的龙井茶青锅技术。

● 茶机预热及试运转。

茶机热源有电热板式、电热丝式、电热管式三种。接通电源后，检查各仪表是否正常，各仪表指示灯是否亮。将仪表温度控制仪旋转到合适位置，即第一锅180～230℃；第二锅180～250℃；第三锅180～200℃。为防止电源跳闸，预热开关按锅顺序1、2、3进行，以减轻电表负载。当预热指示灯由绿变红，表示预热温度已达到设定温度。炒制过程红灯时灭时亮属正常现象。

锅温高低具体选择设定温度方法为：

第一，按鲜叶的老嫩程度分，即较老的鲜叶锅温稍高，较嫩的鲜叶锅温稍低。

第二，按季节性鲜叶分，即春茶锅温稍低，夏秋茶锅温稍高。

预热结束，按启动开关进行试运转，检查各运动部件有无影响机器运转、有无卡滞现象，检查安全保险表是否灵敏，检查离合器手柄操作是否灵活。

● 炒制作业(一般时间为6分钟左右)。

杀青作业。试运转后，根据锅面的光滑程度向锅里撒入适量制茶专用油，再向杀青锅(第一口锅)投放一把鲜叶，每次投放量以早丝1.5～2两，中丝1～1.5两为宜。锅温以鲜叶下锅后，能听到“喳喳”声响为适度。杀青时间一般为2分钟左右。判断原则为叶质变柔软，叶色转暗，折梗不断。或用手捏法，即用手捞捏茶叶时不结块为好，此时即可开启隔门，进入下道工序。

理条、压扁作业。第一锅同时重复第一道工序。第二锅进行理条、压扁作业，根据茶叶品质灵活掌握锅温，理条压扁作业时间一般也掌握在2分钟左右，其目的是通过压板压力使茶叶卷紧拖直、扁平。判定原则是捞取茶叶，当叶质手捏不黏，外形扁平挺直时即可打开隔门进入下一道工序。

磨光炒干作业。第一锅、第二锅同时重复上述工序。第三锅开始磨光炒干作业，继第二道工序后，茶叶已一定程度成形，此锅压板压力比理条锅较重，以便进一步压扁、磨光，作业时间2分钟左右。判断原则是捞取茶叶，有戳手感，外形扁平光滑挺直，色泽嫩绿光润，锅内有少量黄碎末出现，在茶叶八成干时出锅为宜。压板间隙调整方法是调整锁定螺母或调整手柄，根据炒制情况，适当调整压板压力，压板与锅面无间隙，一般炒制过程中不允许进行调整。

● 关机、安全及维修。

第一，炒制结束时，应先关停热源，再让机器继续运转2分钟左右，再停机。停机后要分离离合器，以免机器局部过热而变形，损坏机件。

第二，机器作业中要注意人、机安全，炒制机旁边不许有小孩玩耍。

第三，发生故障时，应立即停机维修，自己不能修复时，请厂方派技术人员进行修理。

②单锅型名茶机械的龙井茶青锅技术。

● 茶机预热及试运转。

单锅与三锅预热方式基本相同，即接通电源，指示灯亮，电流表指针摆动在中间位置，先将仪表温度设定在180～230℃（温度设立方法同上）。预热达到设定温度后，仪表指示灯改变（由绿变红）时即可。

启动开关，使茶机运动部件运转，检查安全装置是否灵敏可靠，检查离合器手柄及压力装置操作是否灵活，如有卡滞现象，则可在相应部位添加润滑油。

● 炒制作业(一般时间是10分钟左右)。单锅炒制机是在一口锅内完成杀青、理条、压扁、炒干、磨光等工序。因此对操作人员的业务素质相对要求较高,凭直观及时调整压板的压力表,完成各道工序。

试运转后,根据锅面的光滑程度向锅里撒入适量制茶专用油,再向锅内均匀地投入鲜叶,一般每锅鲜叶投放量为三把,即5~7两,鲜叶下锅以能听到"喳喳"声响为温度适度。炒手翻带鲜叶,逐渐炒匀。锅内茶叶翻炒2~3分钟后,茶叶开始萎瘪、梗子发软,锅温指示降低10~20℃。调整加压手柄,增加压板压力,使压板开始捺压茶叶。开始较轻,以后根据茶叶干燥程度逐渐加重压力,使芽叶扁干成条。茶叶达到八成干时,即可打开挡门出锅。

压板间隙无须调整,压力调整在压挡手柄,共5挡。新机压到4挡即可,关机后加压手柄退回到空挡。

● 关机、安全及维修,方法同三锅名茶炒制机机械。

4. 回潮

回潮的目的是使茶叶不同部位的水分重新分布,达到里外干湿一致,便于进一步做形,保持色泽一致,减少断碎。其做法是出锅后的青锅叶,经摊凉后收堆,上面盖一块干净的、潮湿的棉布或毛巾,回潮2~3小时。

5. 二青叶分筛

二青叶分筛主要目的是使茶叶大小一致,便于辉锅时采取不同的炒制手法,使茶叶色泽一致,提高茶叶质量。做法是先簸去青锅叶中的片末,再用1.2厘米孔径的竹筛进行分筛,将筛上和筛下的茶叶分开辉锅。

6. 辉锅

辉锅是龙井茶炒制中的关键工序,目的是进一步做形、固色、提香和干燥,使茶叶达到扁平光滑、久贮不变的品质要求。

二、卷曲形茶机械配置与加工工艺

1. 卷曲形茶机械配置

卷曲形茶也可以根据不同的鲜叶原料生产不同档次的茶叶来配置不同的机械，一般高档卷曲形茶需要的机械配置主要为滚筒杀青机、斜锅杀青机、揉捻机、烘干机、曲毫机或卷曲形茶成形机、提毫机、提香机。中档卷曲形茶需要的机械配置主要为滚筒杀青机、揉捻机、烘干机、成形机、提香机。低档卷曲形茶需要的机械配置主要为滚筒杀青机、揉捻机、烘干机、成形机。

2. 卷曲形茶加工工艺

利用加工卷曲形名优茶的机器加工碧螺春茶具有生产加工量大、产品质量均衡、生产成本低等优点。其加工基本工艺为摊放、杀青、揉捻、初烘、做形、提毫、足干。

(1) 摊放。卷曲形名优茶机制的原料摊放与其他名优茶生产一样，要做到及时、洁净、通风、薄摊，达到一定失水条件后再进入下一道工序。

(2) 杀青。可选用30型或其他小型滚筒杀青机。杀青时，先使机器运转，同时加热，在机器预热一段时间后，筒壁温度升至220℃左右时投叶，开始投叶量稍多，以防少量青叶落锅后成焦叶，产生爆点，之后均匀投叶，投叶量以30千克/小时为宜。杀青以叶色转暗绿，手握柔软，青气消失，散发出良好的茶香，杀青叶含水率60%左右，不产生红梗红叶，无焦叶、爆点产生为适度。

(3) 揉捻。揉捻采用25型或其他小型揉捻机。将杀青后经摊凉的杀青叶，放入小型揉捻机内，每桶投叶量2～4千克，轻揉不加压，时间5～10分钟，不宜过长，防止茶汁溢出，影响色泽与显毫，下机后及时解块散热。

(4) 初烘。用小型名优茶烘干机对解块散热后的揉捻叶进行初烘，烘时掌握进风口温度为100～120℃，薄摊快烘，烘时约

10 分钟，烘至手握能成团，松后自然散开，烘叶含水量 40%左右时，下机冷却，回潮 15～20 分钟。

(5) 做形。做形可采用 6CB-180 型碧螺春整形机、6CCQ-50G 型曲毫炒干机、6CL-30 型名茶搓螺机、6SCG-50CDT 型双锅曲毫机、6CRQ-60 型瓶式曲毫机等。温度约为 60～80℃，边做形边烘炒时，要注意透气，开启风机吹热风，以保茶叶翠绿色泽，这一工序需时 20～30 分钟，炒至茶条卷曲，含水量 10%左右时，出机摊凉。

(6) 提毫。白毫显露是曲毫茶主要特征之一，用手工提毫按前边手工加工技术操作。机械提毫，可采用 6CLH-40(D)型六角提毫辉干机或 6CLH-40 型提毫辉干机，提毫温度约为 50～60℃，茶叶在这一温度下，失水缓慢，保持柔软状态，利于提毫，提毫时间一般为 10～15 分钟，待茸毛显露时下机摊凉。

(7) 足干。足干在微型名优茶烘干机下进行，温度应控制在 60～70℃之间，采用文火慢烘，烘至茶叶含水量降至 5%～7%时，下机冷却，再去除黄片、割去茶末，便可贮藏、出售。

三、针形茶机型配置与加工工艺

针形名优茶的机械加工是近年来发展较快的一类茶，较多的是采用单芽加工而成，这类茶加工精细，冲泡后芽头上下沉浮，形态十分优美，深受消费者的喜爱。但其加工工艺非常简单，所需要的机型也比较单一，一般高档针形茶，仅仅需要配置名茶多功能机即可，中低档针形茶也仅需要配置滚筒杀青机和精揉机即可。

单芽类针形茶采摘精细。清明前后开园，挑选饱满、肥壮的芽头，长度在 1～2 厘米，采单芽时要求做到不采带蒂芽、紫色芽、雨水芽、虫伤芽、空心芽、节间过长芽。在采摘过程中，力求手势要轻，存放鲜叶的工具宜选用小竹篮，确保鲜叶的新鲜度。采回的单芽原料要按品种、长短、肥瘦分别摊放。单芽类针形茶的炒制基本工艺为鲜叶摊放、杀青、摊凉、初烘、理条、摊凉回潮、复烘、整形等工序。现以浙江千岛银针为例，介绍这类茶的机械加工技术。

1. 摊放

进厂的鲜叶摊放是千岛银针茶制作至关重要的技术环节。适度摊放，有利于加工造型，有利于茶叶品质的改善与提高，同时，可降低加工成本，减轻劳动强度。当天采来的鲜叶都要经过摊放处理。一般要求摊放在洁净的竹匾或竹垫上，摊放厚度1～2厘米，放置在通风处，摊放6～8小时，其间轻轻翻动1～2次，鲜叶经摊放后失重约10%～15%。

2. 杀青

适度摊放的芽叶采用小型滚筒杀青机杀青，在杀青机的出叶口下端配置一个快速鼓风吹叶的装置，使经杀青出来的芽叶能迅速冷却，并将完整的芽叶与其中的鱼叶、鳞片等夹杂物吹离。杀青的滚筒温度约为110～120℃，投叶量以出叶杀青适度为准，每小时约10～15千克青叶，当锅温开始上升达到杀青温度要求时，开始投入的鲜叶量要适当多些，以免产生烟焦，之后均衡投叶。杀青历时1.5～2分钟。当杀青叶失水率40%左右，芽叶变软、不粘手，闻之有香时即为杀青适度。杀青叶应摊放在洁净的竹垫上，静置“回潮”，使芽内外走水均匀。

3. 初烘

待杀青叶充分回潮后，即可进行初烘工序。初烘温度约为90℃，上烘叶要薄摊均匀，烘时约15分钟，中途翻动茶叶1～2次，烘至稍有触手感即下烘，散热摊凉。

4. 理条

理条是形成银针茶外形独特风格的关键技术。理条时，温度不宜过高，一般掌握在70～80℃为宜，否则易产生爆点，甚至焦芽；锅温也不宜过低，低温锅内操作时间延长，快速调到180～200转/分左右，时间8～10分钟，待制品基本定型时出锅、摊凉、再回潮，此时茶叶约有六成干燥度。

5. 复烘

将经过理条、摊凉后的在制品进行复烘，复烘温度约为60～70℃，需时约10分钟。目的在于减少水分含量，固定芽茶形状。七成干时下烘。

6. 整形

用宽槽理条机再一次对复烘的茶叶进行整形理条。此时茶机的速度要调慢至110～130转/分，锅温在80～90℃之间，以手握茶叶稍有热感为宜。整个复理条整形过程需15～20分钟，炒至九成干时出叶摊凉、簸除碎片。

7. 足干

小批量生产加工单芽银针茶可在龙井茶锅内用手工辉炒至足干。辉炒时，手势要轻，以抓、拓手法进行理条、磨光、提香。大批量生产的单位可借助不锈钢材料做成的银针辉干机进行辉炒，其作用是给芽叶抛光、去除水分、发挥香味。温度控制在50～60℃，机器运转速度掌握在30～40转/分，辉炒至足干(含水量约6%)出茶。接着进行人工拣剔、轻簸，除去非规格茶和碎片等，并用密闭容器或防潮袋子盛装。

四、球形茶机型配置与加工工艺

球形茶的机械配套为：6CAT-30型、6CAT-40型滚筒式名茶杀青机1台或6CS-30型锅式名茶杀青机2台，6CR-30型名茶揉捻机1台，6CHW-3型名茶烘干机1台或6CHH-3型手拉百叶式烘干机1台，6CJC-50型球形名茶炒干机2台。

球形茶的加工工艺为：摊青—杀青—摊凉—揉捻—解块—初烘—炒三青—辉锅—足火。

鲜叶管理同扁形茶，但可适当厚一点。

杀青使用6CAT-30型、6CAT-40型筒式名茶杀青机，应掌握在筒壁温度达到 200～300℃，出叶处空气温度达到 90℃时开始投叶，投叶量为每小时 30 千克左右，投叶要均匀，一般加工叶在滚筒内经历的时间为 45～50 秒。若使用 6CS-30 型锅式名茶杀青机杀青，则在锅温达到 150℃时投叶，每锅投叶量 0.75～1.5 千克，先高温杀青 3～5 分钟，然后低温再炒 3～4 分钟，使杀青叶达到杀青工艺要求。杀青叶的减重率为 45%～50%，杀青叶的含水率为 55%～58%。出叶后要立即摊凉。

将杀青叶 1～2 千克投入 6CR-30 型揉捻机初揉，无压揉 5～7 分钟，要揉出茶汁，初步成条，初揉结束出叶解块。然后用 6CHW-3 型自动式名茶烘干机或 6CH-3 型手拉百叶式名茶烘干机初烘，热风温度 100℃左右时，含水率达到 45%～50%(约六成干)，下机摊凉。

摊凉后进行炒三青。炒三青和辉锅两道工序都是在锅口直径 50 厘米的 6CJC-50 型球形名茶炒干机中完成。炒三青(如泉岗辉白茶)锅温掌握在 70℃左右，匀火长炒，每锅投叶量 1.5～2.0 千克，炒制时间 10～15 分钟。然后加工叶在锅内继续进行辉锅炒制，锅温提高到 80℃，继续炒制 10～15 分钟，使形状固定，当含水率为 10%左右出茶，进行足火。足火使用自动或手拉百叶式名茶烘干机，热风温度 70℃，烘干时间 10～15 分钟，烘至茶叶含水率为 5%左右，出叶摊凉，完成炒制。

第四节　茶叶精制与拼配

一、名优茶精制工艺

名优茶在完成生产后，即为初制品，量较少的时候一般没有精制工序，但在有较大出货量的时候需要精制与拼配，才能最大程度地保持同一批商品茶叶规格的一致性。

1. 扁形名优茶精制工艺

复火/提香/脱毫。扁形茶通过辉干机、八角滚筒等进行复火、提香和脱毫等工序，使茶叶水分含量进一步降低，茶叶香气提高，部分有毫的茶叶可以脱毫，使得茶叶的花色进一步接近一致。

风选。通过风选机，对茶叶的黄片、老叶、断碎叶以及前道工序产生的茸毛等进行进一步的分离，而且可以根据茶叶的轻重进行分段。

筛分。通过筛分，按照茶叶的大小进行分段，有利于后续商品茶的拼配。

拼配。根据成品茶的花色、大小、轻重等按照商品茶要求进行匀堆、拼配和装箱。

2. 卷曲形名优茶精致工艺

复火/提毫。卷曲形名优茶可以使用卷曲形茶成形机等进行复火和提毫，进一步降低茶叶含水量，使茶叶条索更加紧结和显毫。

提香。使用红外提香机等促进卷曲形名优茶茶叶香气的提升。

筛分。通过筛分，按照茶叶的大小进行分段，有利于后续商品茶的拼配。

拼配。根据成品茶的花色、大小等按照商品茶要求进行匀堆、拼配和装箱。

3. 针芽形名优茶的精制工艺

复火/提香。使用精揉机或名茶多功能机进行复火和提香，进一步降低茶叶含水量，增加香气。

拼配。根据初制茶的花色、大小等按照商品茶要求进行匀堆、拼配和装箱。

二、眉茶精制工艺

眉茶根据炒青的外形品质特征，采取“熟做”加工，工艺分“本身路”、“圆身路”和“筋梗路”三路加工。其主要工艺要点如下。

毛茶复火、滚茶。复火用自动烘干机，使茶叶水分含量达到5%～5.5%。滚茶利用滚筒式自动滚条机，滚茶与复火密切配合。毛茶经过烘、炒后，叶质柔软，趁热滚茶，使条索紧结，便于取料。

精茶补火、车色。在制品都要经过补火、车色，使茶叶水分含量达到3.5%～4.5%。车色也要与补火密切配合，通过车色，使眉茶成品外形光滑，色泽绿润起霜。

分筛、撩筛。用平面圆筛机分筛和撩筛，要求茶叶随着筛面做回转滑动，通过不同的筛孔分别茶叶长短，一般要经过三四次。

抖筛。分长形抖筛机、双层抖筛机和震动抖机三种。通过不同的筛孔把粗细分离出来，抖筛一般要经过2～3次。第一次叫“毛抖”或“抖头抽筋”，第二次叫分级“抖筋”或“前紧门”，第三次叫“紧门筛”。

风扇。通过风扇把轻重不同的茶叶分成许多等级，是茶叶定级阶段。风扇要经过三次，第一次叫“剖扇”或“毛扇”，初步分出茶叶等级并扇去黄片和毛衣；第二次叫“清扇”或“净扇”，进一步分清级别，使各级茶叶轻重符合规格；第三次叫“清风”，是精制过程的最后一关。

切茶。切茶是通过切茶机来完成的。切茶机有滚切机、齿切机、圆切机三种。经分筛、撩筛、抖筛等工序，通不过规定筛孔的“毛茶头”、“撩头”、“抖头”以及不合规格的筋梗茶，机、电“拣头”等都要经过反复切抖或切分，使其能通过规定的筛孔，再分清长短、粗细和轻重，达到符合等级筛孔茶的规格。

机拣。等级“面张茶”夹有较光的粗筋梗，通过阶梯式拣梗机机拣，将茶梗与茶叶分开，提高净度。

电拣。根据静电分离原理，吸出茶梗、“黄朴”、“背筋茶”、“光头茶”等次质茶及吸收茶中夹杂物如谷、青草等，提高面张茶净度，以减少手拣茶数量。电拣一般要重复3～5次。

手拣。通过机拣、电拣还拣不出的粗梗、老梗、白梗、青梗、黄条、茶籽和非茶夹杂物，要用手工拣剔辅助。

匀堆装箱。根据成品匀堆拼配单，粗、中、细筛孔茶交叉倒入进料斗，由输送带将茶叶送入匀堆装箱机内，使茶叶在匀堆机内重复翻匀后，再进行过磅装箱。“匀堆”必须按规定操作要求进行，做到拼堆均匀，检样正确，装紧装实，浅满一致，产品清洁卫生，经检验部门对照标准检验合格后，及时钉封打包出运。

三、茉莉花茶窨制工艺

茉莉花茶是选用茉莉香花和烘青毛茶加工的茶坯窨制而成。其品质特点是香气芬芳幽雅，滋味醇厚鲜爽。产品规格分为特级茉莉花茶、一级、二级、三级、四级、五级、六级、茶芯、茶片。烘青毛茶加工成茶坯的工艺与眉茶精制基本相同，只是干燥作业以烘代炒。茉莉花按采期分为“梅花”(7 月 20 日以前)、“伏花”(7 月 21 日至 8 月 20 日)、“秋花”(8 月 21 日以后)三期。茉莉花茶窨制主要工艺要点如下。

茶坯处理。一要“足火”；二要冷却。“足火”就是要使茶坯水分降到 4%～5.5%，冷却就是要使烘干后的茶坯自然冷却 5～7 天，才能窨花。

鲜花处理。茉莉花一定要在含苞欲放时采摘。茉莉花具有夜间开花的习性，一般要在下午 2 时以后采摘，要避免花朵损伤或发热。鲜花进厂后，应及时薄摊散热，调节鲜花生理机能，防止过早开放。当天鲜花全部到厂后，要适时采取收堆措施，提高花温(不超过 40℃)，使鲜花快开，开放率高，开放度均匀，吐香浓烈。每次收堆时间不宜太长，收堆与摊放要反复进行 2～5 次。当鲜花开放率到 60%～70%时，进行筛花，筛去青蕾、花蒂和杂质。开放率越高越好，当开放均匀，开放度达 80%～90%时，花朵呈“虎爪形”。

白兰打底。在制作茉莉花茶时要掺一定量的白兰花。白兰花香气浓烈，用以打底。提高花茶香气浓度，衬托鲜灵度，选用含苞待放的优质白兰花为宜，每 50 千克茶坯用 0.50～0.75 千克。

窨花拌和。一要适时；二要快速，“窨花如救火”，越快越好；三要小囤低堆；四要“盖面茶”适当，少量、均匀薄撒。

通花散热。正确掌握通花散热时间，通早香气不足，通迟香气鲜灵度较差，甚至引起变质。窨花时间要求是一窨 4～5 小时，二窨 4 小时左右，三窨 3.5 小时左右。通花时的茶坯含水量是一窨 11%～12%，二窨 10%～11%，三窨 9%～10%。

收堆续窨。通花后茶坯的温度降至 33～37℃时，即可收堆续窨。续窨时间 5～6 小时，花已萎蔫，色泽较为微黄，闻不到鲜香，窨制即告完成。

出花。出花越快越好，要在 2 小时内完成。

复火干燥。茶坯在吸香的同时，也吸收大量水分，含水量增至 12%～16%，必须及时复烘干燥。干燥的茶用低温慢烘，适度干燥为宜。

冷却。用于提花的坯温可稍高，冷却时间可适当短些。

提花。提花的目的是提高花茶香味和鲜灵度，须选用朵大、质好的茉莉花，中途不通花散热。

出花与匀堆装箱。提花适度后，及时出花。出花后，经过匀堆，使成品含水量符合出厂标准，然后装箱，经检验合格出厂。各级茉莉花茶窨次及配花量见表 3－1。

表 3－1　各级茉莉花茶窨次及配花量

级　别	一级	二级	三级	四级	五级	六级	茶芯	茶片
窨　次	三窨 一提	二窨 一提	一窨 一提	30%压 70%窨 全提	半压半窨 全提	半压半窨 全提	一窨 一提	半压半窨 全提
茉莉花量	47.50	35	21	15(20)	12.50(20)	12.50(20)	15	10(20)
白兰花量	0.50	0.50	0.75	0.75	0.75	0.75	/	0.50

注：表列数字为每窨 50 千克茶坯的配花量，单位为千克。

第五节 茶叶包装与贮藏

一、茶叶的包装

名优茶包装上应有符合国家标准的标志，即标签上应包括食品容器上的文字、图形、符号，以及一切说明。

国家对食品标签的标志有严格的规定，并作为国家法规执行。这主要是为了加强食品的规范化管理，防止和打击假冒、伪劣产品，保护生产者及消费者的利益，保护人民的身心健康。因此，国家技术监督局颁布了 GB 7718—2004《预包装食品标签通则》，并于 1995 年 2 月 1 日正式实施。名优茶作为食品，在包装上也应遵守这些规定。

1. 名优绿茶包装标签制定的基本原则

(1) 食品标签的所有内容，不得以错误的，或引起误解的，或欺骗的方式描述或介绍食品。作为名优茶的标签，只能对该茶的产地、历史、工艺、品质特点作简要的描述，不能标明或暗示该茶具有减肥、抗衰老、抗癌等健康或医疗效用，也不能标上诸如"健康"、"低热量"、"无糖"等专用名词，除非该产品经过有关卫生部门检验审核后被批准为保健食品或特殊营养食品。

(2) 食品标签的所有内容，不得以直接或间接暗示的语言、图形、符号导致消费者对该食品或食品的某一性质与另一产品混淆。如浙江的龙井茶产品有三大产区，西湖龙井茶是闻名中外的历史名茶，因此，西湖龙井茶的价格要高于同等级的其他产区龙井茶好几倍，因而有些生产或经营单位，将其他产区的龙井茶在标签上统称为"龙井茶"，而不标明具体的产地，欺骗消费者，这是不允许的。

(3) 食品标签的所有内容,必须符合国家法律和法规的规定,并符合相应产品标准的规定。如国家法律规定国旗、国徽不能作为商品的标志等,同时应严格执行国家颁布的《茶叶卫生标准》。此外,茶厂也应该有自己产品的企业标准,通过有关单位审核后,在包装上标明企业标准中真实的内容。

(4) 食品标签的所有内容,必须通俗易懂、准确科学。

2. 名优绿茶包装标签制作的基本要求

GB 7718—2004《预包装食品标签通则》中规定了标签六个方面的基本要求。

(1) 食品标签不得与包装容器分开。

(2) 食品标签的一切内容,不得在流通环节中变得模糊甚至脱落;必须保证消费者购买和食用时醒目、易于辨认和识读。

(3) 食品标签的一切内容,必须清晰、简要、醒目。文字、符号、图形应直观、易懂,背景和底色应采用对比颜色。

(4) 食品名称必须在标签的醒目位置,食品名称和净含量应排在同一视野内。

(5) 食品标签所用方案必须是规范的汉字;可以同时使用汉语拼音,但必须拼写正确,不得大于相应的汉字;可以使用少数民族文字或外文,但必须与汉字有严密的对应关系,外文不得大于相应的汉字。

(6) 食品标签所用的计量单位必须以国家法定计量单位为准,如克或千克。

以上六个方面的要求,在名优茶的包装标签上,应严格执行。

3. 名优绿茶包装标签的基本内容

《食品标签通用标准》规定了食品外包装标签必须标定的基本内容。基本内容是:

(1) 食品名称。名优茶的名称必须采用该名优茶真实属性的专用名称。如果国家标准、行业标准或产品标准中已规定了一个或几个名称时，至少使用这些名称中的一个。无上述规定的名称时，必须使用不使消费者误解或混淆的常用名称或俗名。我国名优茶的生产，具有明显的区域性、批量小、品种多的特点。因此，名优茶的名称常用产地、品种、名茶的外形、色泽等命名。无论是哪一种形式，都必须固定，并且不与其他名称重复。

(2) 配料表。配料表主要针对其他食品而言，名优茶基本上是由单一原料(鲜叶)制成，因此标签上可不标明配料；但如果在加工过程中，添加了食品添加剂，则必须按加入量的递减顺序一一排列。

(3) 净含量及固形物重量。食品外包装标签必须标明名优茶包装容器中茶叶的净重量(克或千克)；在同一包装中如果含有几件小包装，并且分别包装几种名茶时，则在注明总净重的同时，还应注明各种茶的小包装量及件数。

(4) 制造者、经销者的名称和地址。食品外包装标签必须标明该名优茶制造者(或生产厂)、包装者、分装者或销售者，任一单位依法登记注册的名称和地址。此外，为方便联系最好能标上电话、邮政编码等。

(5) 日期标志和贮藏指南。食品外包装标签必须标明该包装内名优茶的生产日期，保质期或保存期。日期的标注顺序为年、月、日。

名优茶由于受易吸潮、吸异味、易受光照氧化等因素的影响而陈化劣变，应该在包装上介绍并注明贮藏方法，如“防潮”、“避光”、“密封”等方法，以便确保名优茶的保质期或保存期。

(6) 质量(品质)等级。名优茶如已在产品标准(国家标准、行业标准、省市地方标准)中明确规定了质量(品质)等级，必须在包装标签上标明该名优茶的质量等级。

(7) 产品标准号。如果该名优茶已经有国家标准、行业标准、省市地方标准，则必须标明该标准的代号和顺序号。没有标准的名优茶，生产或经营单位应及时编写、申报产品的企业标准，经地方质量技术监督部门审核批准后，在包装标签上标明产品标准代号和顺序号。

(8) 其他标注内容。GB 7718—2004《预包装食品标签通则》中还推荐在标签上标注以下内容：①批号。由名优茶生产企业或分装单位自行确定方法，标明该茶的生产或分装批号。②饮用方法。为指导消费者正确地饮用该名优茶，可以在标签上标明容器的开启方法、饮用方法（如泡茶水温、茶水比例等）、对消费者有帮助的说明，必要时可以在标签之外单独附加说明。

此外，商标及条形码也是包装上不可少的内容。商标在现代经济活动中起着越来越重要的作用，某种程度上是企业和产品品牌的象征。因此，名优茶生产企业应积极申请注册商标，以免产生不必要的经济损失。条形码也是商品进入超级市场和国际市场的必要条件，因此，申请使用条形码非常必要。

二、茶叶的贮藏

品质很好的茶叶如不妥善加以保存，就会很快变质、颜色发暗、香气散失、味道不良，甚至发霉而失去饮用价值。

茶叶在存放过程中陈化变质的原因很多，国内外的研究表明，温度、水分、氧气和光线是影响贮藏绿茶品质变化的四大因素。水分和温度是品质变化的条件，起加速或延缓氧化反应速度的作用；茶叶内含化学成分的自动氧化是茶叶品质劣变的根本原因；光线能改变茶叶品质，促进色素和脂类等化合物的氧化，对茶叶成分有一定的分解作用。影响茶叶品质的化学成分主要是叶绿素、茶多酚、维生素、胡萝卜素、氨基酸以及多种香气成分等。此外，吸附异味也是茶叶变质的主要原因。由于茶叶是一种疏松而多孔隙的物质，并且含有吸附性能强的萜烯化合物和高分子棕榈酸等高分子化合物，使茶叶极易吸附其他物质的气味。如把茶叶和樟脑丸、香料、药物、霉干菜等放在一起，或把茶叶放在气味较浓的新木器、新漆器里，在几个小时后茶叶就会吸附这些东西的气味，轻则喝后使人不适，重则不能饮用。

因此，要防止茶叶劣变必须对光线、温度、水分及氧气加以控制，包装材料必须选用能遮光的，如金属罐、铝箔积层袋等。氧气的去除可采用真空或充氮包装，亦可使用脱氧剂。保存茶叶的容器以锡瓶、瓷坛、有色玻璃瓶为最佳；其次宜用铁听、木盒、竹盒等，其中竹盒不宜在干燥的北方使用；最次为塑料袋、纸盒。保存茶叶的容器要干燥、洁净，不得有异味。常规的贮茶方法有：

冷藏法。大量商品茶一般使用冷库储藏成品茶叶，一般家庭使用冰箱冷藏茶叶效果较好。但有两点必须注意：一是要防止冰箱中的异味污染茶叶；二是茶叶必须是干燥的。

坛藏法。用此法贮藏茶叶，选用的容器必须干燥无味，结构严密。常见的容器有陶甏瓦坛、无锈铁桶等。

罐藏法。目前，许多家庭采用市售的铁罐、竹盒或木盒等装茶。这些罐或盒，若是双层的，其防潮性能更好。装有茶叶的铁罐或盒，应放在阴凉处，避免潮湿和阳光直射。如果罐装茶叶暂时不饮，可用透明胶纸封口，以免潮湿空气渗入。

袋藏法。目前用得最多的是用塑料袋保存茶叶，这也是家庭贮藏茶叶最简便、最经济的方法之一。用塑料袋包装茶叶，要起到有效的保存作用，关键是：一要茶叶本身干燥；二要选择好的包装材料。

因为茶叶的吸湿性颇强，无论采取何种贮存方式，贮存空间的相对湿度最好控制在50%以下，贮存期间茶叶水分含量须保持在5%以下。另外，茶叶通常不宜混藏，因为不同种类的茶叶具有不同的风格。红茶是经发酵加工而成的，花茶则以茶香取胜，而绿茶又自成一体。若将几种风格不一、香气迥异的茶叶贮藏在一起，则会因相互串味而失去本来的特色。盛好的茶叶，宜放在干燥通风处，不能放在潮湿、高温、不洁、曝晒的地方，也不能和樟脑、药品、化妆品、香烟、洗涤用品等有强烈气味的物品放在一起。

第四章　茶叶贮藏技术

商品茶是用茶树芽叶加工制作而成的，是一种具有疏松多孔体质的植物饮料，在贮存保管不善的情况下，极易吸收水分、氧气，尤其在气温较高、湿度较大的条件下，茶叶中很多内含物会氧化、分解。名优绿茶品质佳，经济效益高，近年来生产、消费一直呈上升趋势。新茶陆续上市，选择合适的包装材料，掌握正确的贮藏保鲜方法，是提高名优绿茶经济价值的重要保障。

第一节　茶叶品质特性与影响因素

一、茶叶本身特性

1. 吸湿性

因为茶叶存在着很多亲水性的成分，如糖类、多酚类、蛋白质、果胶质等；同时茶叶又是多孔性的组织结构，这就使茶叶具有很强的吸湿性。为了防止茶叶水分的增高，必须控制仓库的相对湿度。有关测试表明，茶叶的平衡水分与相对湿度呈正比关系。相对湿度在40%时，茶叶的平衡水分为6.3%；相对湿度在60%时，茶叶的平衡水分为8.3%；相对湿度在70%时，茶叶的平衡水分为9.6%；相对湿度在80%时，茶叶的平衡水分为12%；相对湿度在90%时，茶叶的平衡水分为17%。从上述数据可以看出，茶叶贮存的相对湿度应当控制在60%～70%。

2. 陈化性

一般红、绿茶随保管时间的延长质量逐渐下降，出现诸如色泽灰暗、香气减低、汤色暗浑、滋味平淡等变化。这一变化通常被称为“陈化”。它是成分发生变化的一个综合表现。

茶叶之所以会陈化，最重要的原因是氧化。由于酚类发生变化，茶叶中有的成分由水溶性氧化为不溶性的化合物，因而造成汤色暗浑，滋味变平淡，香气减低。此外，脂类成分经水解，会产生游离脂肪酸，游离脂肪酸再经氧化并水解，会形成一种“陈味”。这些变化绿茶表现更为明显。促使茶叶陈化的因素很多，如含水量增加，湿度增大，包装不严，长期与空气接触或经过日晒等，这些都会显著地加速茶叶的陈化。

3. 吸味性

茶叶能够吸收异味，是由于茶叶中含有棕榈酸、萜烯类等物质及其组织结构具有多孔性。人们根据茶叶这一特性，一方面自觉地利用它来窨制各种花茶，以提高饮用价值；另一方面又要严禁茶叶同有异味、有毒性的物品一起存放和装运，避免使茶叶变味和受污染。

二、影响茶叶品质的贮存环境因素

茶叶中化学成分的变化受外界环境因素影响极大。引起茶叶陈化劣变的主要因素是水分、氧气、温度和光线。茶叶水分(空气湿度和茶叶自身的含水量)是导致陈化变质的主要原因，温度、氧气起加速或延缓陈化变质的作用。

1. 水分的影响

茶叶是一种干燥的农产品。当茶叶中的含水量在3%左右时，茶叶成分对脂质与空气中的氧分子会起到较好的隔离作用，阻止脂质的氧化变质。当茶叶水分含量超过6%，或外界大气相对湿度高于60%时，会使茶叶中的化学成分变化十分激烈，如叶绿素的变性、分解，色泽变褐变深；茶多酚、氨基酸等呈味物质迅速减少；组成新茶香气的二甲硫、苯乙醇等芳香物质锐减，而对香气不利的挥发性成分大量增加，导致茶叶品质变劣。因此，成品茶含水量必须控制在6%以下。

2. 温度的影响

温度是决定茶叶成分发生化学变化速度快慢的重要因素。温度越高，陈化越快。实验证明，茶叶在贮藏过程中，在一定范围内温度每升高10℃，褐变速度加快3～5倍。在10℃以下贮藏，可抑制茶叶褐变。在－20℃条件下冷藏，几乎可以长期防止茶叶陈化与变质。不同温度条件下，贮藏8个月的绿茶，其维生素C的保留率相差很大。

创造低温贮存茶叶有一个临界温度，当干茶处于0℃时，香气最浓；5℃时，香气降低；10℃时，微有香气；常温下则只有陈气。因此，将茶叶保存温度控制在0～5℃，可较长时间保持原色。要尽可能避免在常温或高温下存放，以确保茶叶色泽和香气不受影响。

3. 氧气的影响

大多数物质发生化学变化都是由于氧气的作用。茶叶包装进入氧气，会加快茶叶中易氧化物质的氧化。如儿茶素的自动氧化，维生素C的氧化，茶多酚残留酶催化的茶多酚氧化，茶黄素、茶红素的进一步氧化聚合，以及脂类氧化产生陈味物质，都是在氧气的参与和作用下发生的。

研究证明，在含氧量1%的条件下，绿茶贮藏4个月，汤色几乎不变；含氧量上升至5%以上贮藏4个月，汤色便有较大变化。说明在一定条件下，含氧量高会加剧茶叶的自动氧化。要防止贮藏茶叶的自动氧化，只有隔绝茶叶与氧气接触。

4. 光线的影响

光的本质是一种能量。光线的照射可以加速茶叶的各种化学反应。如光线可以使叶绿素等有色物质分解退色，使有些成分发生光化学反应而产生不良气味，如日晒味。

光线中的红外线辐射可转化成热能使茶叶升温，紫外线引发的化学反应会不断加速茶叶的陈化和变质。茶叶在透明的容器里放置10天(避免日光直射)，维生素C就会减少10%～20%；如果用1700勒克斯荧光灯照射，在25℃下放置30天，茶叶颜色就会变成褐色，香气、滋味明显变差，甚至不能饮用。用仪器检测会发现此时茶叶中的芳香物质减少，氧化产物增多。因此，保管茶叶时应避强光选暗室，使用的容器最好是不透明的铁盒、木盒等，也可保存在食品袋中。

三、茶叶贮藏期的化学变化

贮藏运销过程中，茶叶容易受到周围环境的影响，内含物质中的化学成分会发生一系列复杂的化学反应，这种变化是由于与色、香、味等感官质量相应的化学成分，如多酚类物质、氨基酸、脂类、色素等有机物质性质大多不稳定，在空气中氧气的作用下极易发生自动氧化，使茶叶质量发生劣变，失去原有的色、香、味。

1. 多酚类物质

多酚类物质如儿茶素等是构成茶叶滋味的主要成分，它与氨基酸、糖等成分互相协调、配合，使茶汤滋味浓醇、鲜爽，并富有收敛性。但多酚类物质，特别是占茶多酚总量70%的儿茶素在贮藏过程中很容易自动氧化。这种氧化的速度虽然是缓慢进行的，并非像酶类氧化那样激烈而迅速，但长时间的贮藏会使这种变化很显著。茶叶含水量越高、贮藏温度越高、空气湿度越大的情况下，多酚类物质下降的速度就越快。

多酚类物质中的儿茶素，首先脱氢形成醌，进一步氧化聚合形成褐色物质。儿茶素及其氧化过程中的产物，还与氨基酸、蛋白质等结合，形成暗色的高聚化合物，从而破坏茶汤滋味结构的相互协调，使茶汤滋味变得淡薄而缺乏收敛性和鲜爽感，茶汤色泽变深、变暗，逐渐从本色向橙黄、红和褐色方向转变。

绿茶贮藏12个月的实验结果显示：贮藏期中，茶叶的多酚类物质呈明显下降趋势，由贮藏前的23.71%降至21.12%，降幅达10.92%。作为多酚类物质主体的儿茶素，在贮藏过程中，由原来的102.71毫克/克降至61.64毫克/克，降幅达39.99%。贮藏过程中多酚类物质的减少幅度和氧化速率，与茶叶自身含水量和空气湿度也有一定关系。红碎茶贮藏12个月后，茶褐素会由原来的6.6%增加到10.10%，增幅达53.03%。茶褐素呈棕褐色，是导致茶汤发暗的主要原因。

2. 氨基酸

氨基酸是茶叶重要的滋味物质，贮藏过程中变化十分激烈。氨基酸能与茶多酚的自动氧化物醌类结合形成暗色聚合物，影响绿茶的色泽和茶汤的明亮度；在红茶中氨基酸还会与茶黄素、茶红素形成深暗色的聚合物。另外，氨基酸在一定温度、湿度条件下会发生分解和转化，如对茶汤鲜爽味起主要作用的茶氨酸易水解生成乙胺和谷氨酸，从而使游离氨基酸的含量不断减少。

茶氨酸是游离氨基酸中的主要成分，对茶汤的口感质量具有特殊意义。在贮藏过程中呈直线下降趋势，其含量可由贮藏前的770.18毫克/100克下降至404毫克/100克，减少幅度为47.54%；对茶叶质量起主要作用的谷氨酸、天门冬氨酸和精氨酸等也被大量氧化，进而影响茶叶的质量。

3. 芳香物质

在有氧环境下随着贮藏时间的延长，茶叶香气逐渐减弱，甘美口感逐渐丧失，陈味开始显露，直至质量完全变劣、陈化，失去饮用价值。茶叶中含有较多的脂类物质，特别是一些游离的不饱和脂肪酸，它们都是构成茶叶香气的重要的化学成分，也是一些很不稳定的成分。在温度较高和有氧的条件下，脂类会发生水解生成游离脂肪酸，游离脂肪酸进一步被氧化分解，就会产生具有不良气味的低分子醛、酮、醇等挥发性物质，这是引起贮藏茶叶香气变化的重要原因之一。贮藏过程中亚油酸、亚麻油酸等游离脂肪酸的变化与脂类物质的变化基本相似。

目前普遍认为，绿茶具有“新茶香”的成分主要是二甲硫、正壬醛、顺-3-己烯乙酸脂和其他一些未知成分，在有氧的情况下这些成分在贮藏中，下降趋势十分明显，贮藏两个月，二甲硫较贮藏前减少 43%，正壬醛减少 80%，顺-3-己烯乙酸脂减少 39%。而与此相反，贮藏过程中新产生出的 1-戊烯-3-醇、顺-2-戊烯-1-醇、2,4 庚醛、3,5-辛二烯-2-酮和丙醛等，会随着贮藏时间的延长，含量逐渐增加。这些物质在贮藏前(新茶中)未曾发现，具有青草气和油臭味，由于其阈值很小，即使产生的数量极微，也会产生令人不愉快的陈化气味。另外，类胡萝卜素也易被氧化，绿茶贮藏过程中 2,6,6-三甲基-2-羟基环己酮、β-环柠檬醛、α-紫萝酮、5,6-环氧紫萝酮等胡萝卜素的氧化物也有一定的增加。这些化合物与绿茶的陈味也有很大的关系。

红茶贮藏过程中香气变化更为复杂，随着脂类物质的水解和自动氧化，除了一些陈味物质的含量增加外，红茶中很多具有花香和果香味物质，如苯乙醇、橙花叔醇等，以及对质量有利的异丁醛、异戊醇、芳樟醇等含量会显著减少。这种变化不但使茶叶失去香味，还会显出陈味和酸败味。

4. 维生素 C

维生素 C 是人体所需的营养成分之一，绿茶中含量较丰富。有氧环境下茶叶在贮藏中，维生素 C 会因水解、褐变等一系列化学变化而减少，从而降低茶叶的营养价值。由于维生素 C 氧化产生的 2,3-二酮-L-古洛糖酸极易与氨基酸发生羰氨反应；同时，2,3-二酮-L-古洛糖酸脱水、脱羧后会产生褐色的羟基糖醛聚合物，使绿茶褐变，茶色泽和汤色变深、变暗，失去茶叶应有的新鲜感，从而降低茶叶的质量。

据研究，在有氧环境下绿茶贮藏 4 个月后，维生素 C 由贮藏前的306.75毫克/100克降至191.59毫克/100克，下降幅度达37.54%；贮藏8个月后，降至173.57毫克/100克，下降幅度达42.32%；贮藏12个月后，降至166.10毫克/100克，下降幅度达45.85%。研究指出，贮藏过程中维生素C保留量在80%以上时，茶叶质量变化较少；当保留量下降至60%以下时，可感觉茶叶显著变质。

5. 叶绿素

叶绿素是绿茶色泽的主要成分，对色泽影响很大。叶绿素是很不稳定的物质，贮藏过程中在水、光和温度的作用下，容易发生脱镁反应。绿茶经过12个月的贮藏后，叶绿素总量减少12.76%。显然，较长时间贮藏，不仅会使绿茶的翠绿色泽消退，还会使色泽变暗、变褐，这是叶绿素脱镁反应的结果。据研究，绿茶中叶绿素转化为脱镁叶绿素的转化率在40%左右时，茶叶色泽还能保持翠绿，转化率在70%左右时，茶叶色泽就会显著变成褐色。

第二节 茶叶保鲜方法

在大规模生产中，当茶叶难以做到现采现制时，鲜叶就要贮藏保鲜。特别是南方的夏天气温高，鲜叶因保管不善而腐烂，或因降级处理造成经济损失是常有的事。

绿茶在短期内品质下降太快，产业链不完整，是绿茶这一优秀传统产业难以壮大的根本原因。因此，茶叶保鲜至关重要。

一、鲜叶保鲜方法

1. 品质变化

鲜叶中的内含物许多可在制茶过程转化为茶叶色香味品质

的有效成分，但在贮藏过程中会因激烈氧化而被消耗，使鲜叶干物质损耗量增大。在20℃条件下贮藏24小时鲜叶干物质损耗率达5%，它比5℃条件下贮藏的干物质损耗量高60%。干物质损耗量随着贮藏温度的升高而增加。这种损耗使鲜叶制茶率降低，干物质损耗5%，等于制出的成品茶无形中减少了5%。原来可以生产100千克的鲜叶，现在只能生产出95千克茶叶，减少了5千克。这种看不见的经济损失是相当严重的。因此采收后迅速降低叶温是非常必要的。

鲜叶采收后，持续高温及维生素C的激烈氧化，严重地影响了鲜茶的质量，如果鲜叶堆放时间太长，碳水化合物大量消耗，蛋白质会水解生成氨基酸和酰胺，转变成氨气使人闻到腐败气味。这种气味说明鲜叶已变质，丧失了制茶价值，只能弃之做肥料。此外，持续高温会使鲜叶在氧气的作用下，伤口变红，从而影响成品茶的品质。

2. 操作方法

为了保证鲜叶入库不会有较高的田间热，应在上午9～10点前结束采收。采收的鲜叶要迅速移至冷藏库，装入事先准备好的纸质包装箱中，放入库内的货架上，最好不要用裸露的包装，因为鲜叶在高风速及高风压的情况下，水分蒸发速度较快，所以要选用封闭式的包装，可以在纸箱的四周打一些小孔，以便散热。

鲜叶入库要根据生产而定，有些地区茶叶的采收比较集中，就要相应地建设大型库，并且要选用较大的机器设备，以便茶叶集中入库后有足够的冷量降低温度。试验表明，在1℃条件下鲜叶能保藏10～12天，不但鲜叶质量不会降低，反而提高了制茶品质。

茶叶伤口变红与高温及氧化有直接的关系，可以用上述的方法解决，有条件的也可以将鲜叶放入塑料袋后充入95%～98%的氮气，以解决变红问题。

二、成品茶的保鲜方法

茶叶发生化学变化的主要因素有温度、湿度、氧气、光线、异味等，因此，无论采用何种场所、器具、材料进行贮藏，都必须具备低温、避光、干燥、密闭、无异味等条件。茶叶保鲜应注意这些因素。

1. 茶叶要充分干燥

茶叶水分对贮茶品质影响极大，干茶含水率要尽量低，一般要求低于6％，但不得低于3％，这是延长茶叶保鲜、保质期及应用其他保鲜技术的前提和基础，也是提高名优绿茶香味的重要措施。

2. 采用茶叶专用冷藏库冷藏保鲜

茶叶中化学成分的反应速度与温度密切相关，降低温度可以减缓大多数化学反应，从而抑制茶中内含物质的各种变化，保持其色、香、味等感官品质。国内外大量的研究结果表明，在现有的茶叶保鲜技术中，低温冷藏技术最先进，效果最好，建立茶叶专用冷藏库是解决大批量名优绿茶贮藏保鲜的最有效途径。低温冷藏可使茶叶处于低温条件下，并且避光、除湿，可大大延长茶叶的保质期，唯一的缺点是设备投入大、使用费用高。

用于茶叶冷藏的冷库从形式上分，主要有组合式冷库和自建式冷库。组合式冷库容积相对较小，可拆卸可组装，安装灵活机动，保温性好，安全方便，但价格相对较高，适合茶叶小型企业和零售部门贮藏高档名优绿茶使用。自建式冷库容积相对较大，只能固定使用，但投资相对较小，制冷设备选择余地大，适合大规模贮藏名优绿茶。冷库的制冷量应根据库房大小和贮藏多少而定，一般配有自动调温系统，制冷系统、冷却系统同步工作，具有自动调温、除湿的功能。

从冷库运转的保质效果和经济效益综合考虑，相对湿度控制在65%以下时,贮茶湿度宜控制在0～8℃。名优绿茶在冷藏过程中,由于库内外湿度相差较大,从库内取出茶叶时,应先将茶袋搬出库房,待袋内茶叶逐步升温至接近室温时才可拆开袋口。如果出库后随即打开茶袋,空气中的水蒸气遇温度较低的茶叶,会液化成小水珠而使茶叶受潮,加速茶叶陈化。

在茶叶贮藏前,尤其是新冷库初次使用前,或者使用中库内相对湿度超过65%时,应及时进行换气排湿。冷库长期使用后,库内会出现异味,对茶叶品质不利,应及时换气,一般隔2～3年应对库房进行一次彻底清扫,以保持库内清洁和空气清新。

3. 真空或抽气充氮包装保鲜技术

真空包装和抽气充氮包装均要求选用阻气(阻氧)性能好的铝箔或其他两层以上的复合膜材料或铁质、铝制易拉罐作包装容器。

真空包装是采用真空包装机,将袋(罐)内空气抽出后立即封口,使包装容器形成相对"真空"状态,降低氧气的含量,阻止茶叶氧化变质,进而达到保鲜的目的。由于一次抽气不能达到较高的真空度,氧气浓度仍较高,目前又发明了一种二次真空包装技术,即首先将包装袋内空气抽出,充入氮气,再抽气成"真空"状态,进一步降低氧气浓度。真空状态的包装袋收缩成硬块状,对名优绿茶的外形完整会产生一定的影响,另外,这种包装不平整、不美观,需再增加适当的外包装。

抽气充氮包装保鲜是先将袋(罐)内空气抽出,形成"真空"状态,然后充入氮气,最后严密封口,使茶叶处于低氧的环境,达到保鲜的目的。这种方法所用氮气纯度要高,实际上由于氮气不纯及含水分高,保鲜效果不如真空包装。

真空包装机抽气充氮包装设备的一次性投入较大,特别是易拉罐包装设备,适合于大中型茶叶企业使用。

4. 除氧剂除氧保鲜技术

采用气密性良好的复合膜容器,装入茶叶后再加入1小包除氧剂，然后封口，在24小时内可使包装内氧气浓度降低到0.1%以下，并能在很长时间内保持茶叶处于无氧状态，从而达到保鲜的效果。具有保鲜效果明显，成本低，方法简便、实用，适合各类企业使用。

真空、抽气充氮或除氧剂除氧等气调保鲜技术非常适合于流通过程中的小包装名优绿茶的保鲜，与低温冷藏保鲜技术配合使用，保鲜效果更好。

在家庭消费的名优绿茶采用冰箱低温冷藏保鲜茶叶是一个好方法，不仅简便可靠，而且效果明显。最简便的方法是在茶叶包装外套1～2层高密度聚乙烯袋，扎紧，放入冰箱的冷冻室内（不能放在冷藏室内，因为冷藏室异味大、湿度大）。饮用时，应先取出在室温条件下放置一段时间，茶叶温度接近室温时，再打开包装。

三、新茶面市保鲜诀窍

1. 保持干燥

茶叶怕水，含水量高的茶叶经氧化后释放出的热能可增加茶叶的温度，从而加速其化学反应，品质会随之陈化。贮存茶叶必须先进行干燥处理，然后在容器中加入适量的石灰块或干木炭等吸湿剂确保不返潮，减缓陈化。

2. 创造低温

贮存茶叶有一个临界温度，当干茶处于0℃时，香气最浓；5℃时，香气降低；10℃时，微有香气；常温下则只有陈气。将茶叶保存温度控制在0～5℃，可较长时间保持原色。要尽可能避免在常温或高温下存放，以确保茶叶色泽和香气不受影响。有冰箱的，应把容器密封后存入；无冰箱的，也要将茶叶放于通风处贮存。

3. 回避光线

光照对茶叶有破坏作用，光线中的红外线辐射可转化成热能使茶叶升温，紫外线引发的化学反应会不断加速茶叶的陈化和变质。因此，保管茶叶时应避强光选暗室，使用的容器最好是不透明的铁盒、木盒等，也可保存在食品袋中。

4. 加密封存

经氨基酸氧化的茶叶可导致鲜味下降，多酚类氧化会使茶味变淡。因此，通过断绝供氧的办法可起到抑制茶叶氧化变质的作用。除了选铁罐、陶缸、保温瓶等密封容器保存外，容器内可衬无毒塑料膜袋，贮存时减少容器开启时间亦可抑制茶叶氧化变质。如能用抽氧充氮袋来贮装茶叶更好。

5. 不要混装

把茶叶单独贮存是为防止异味串入影响其内在质量。茶叶本身质地疏松，孔隙较多，具有极强的吸附性，尤其要远离香皂、汽油、樟脑等散发气味的物品，因而装茶叶的容器及贮存茶叶的库房等均不得与其他物品混放；否则，吸附后的茶叶泡出的茶汤就会变得异味百出很难喝。

第三节　茶叶贮藏方法

根据《茶叶卫生管理办法》，茶叶在贮存过程中要注意防潮、防毒、防污染。处于生产和流通过程中的名优茶必须贮存在专用仓库中，仓库要干燥、通风、隔热，要按品名、等级单独成堆。有条件的生产和经营企业，最好建立专用的高标准的名优茶仓库。装运茶叶的运输工具必须清洁、无毒、无异味，不得与其他有毒、有异味的物质同车装运，运输途中要注意防雨、防潮、防污染。运输名优茶最好用棚车或集装箱，为了让名优茶及时应市，缩短贮运和中转时间，防止丢失损坏，在有条件的情况下，最好用专车直接运输，文明装卸，快装快运。

一、茶叶的贮藏条件

1. 干燥

干燥有两层含义：一是指茶叶在贮藏前，含水量要控制在一定程度内；二是指环境的相对湿度要低。茶叶在贮藏时的最佳含水量是3%，含水量越高，茶叶中的有益成分扩散和变化就越快，超过一定限度，茶叶就会变质。因此在贮藏前，应将茶叶的含水量控制在3%～5%。判断方法是抓一小撮茶叶用手指轻轻捻搓，如立即变成粉末，表明其含水量在此范围内，适宜贮藏。如含水量较高，要在进行干燥处理以后再贮藏。

2. 低温

温度升高可加速茶叶的氧化(茶叶陈化变质就是茶叶氧化的结果)。氧化使茶叶中一些原本可溶于水的物质，变得难溶或不溶于水，芳香物质也遭到破坏。据试验，茶叶在－5℃时，氧化过程十分缓慢，在－20℃以下，氧化几乎停止，茶叶可以久藏不变质。

3. 避光

强光可加速茶叶的氧化，使茶叶中的一些物质发生光化反应，产生“日晒味”。因此，贮藏茶叶要避免光照。

4. 防异味

茶叶中的高分子化合物，性质活泼，当茶叶与香皂、樟脑、卷烟等接触后，会很快吸附它们的气味，使茶叶产生异味。因此，要严防茶叶与有异味的物质接触，贮茶容器也必须保持清洁无味。

二、茶叶贮藏技术

茶叶贮存分生产、营销部门的大批量贮存和家庭用少量茶叶的保存两种，其用材和方法都各不相同。

1. 大批量茶的贮存

生产或销售部门茶叶的贮存，数量都比较大，采用低温、低湿、封闭式的冷库贮藏保鲜效果好而经济。一般库房要求温度不超过5℃,湿度控制在60%以下。建造一座容积为180立方米的冷库,可贮放茶叶1.5万千克。茶叶经8个月贮藏,品质基本不变,叶绿素含量是常规贮藏的2倍,维生素C含量是常规贮藏的4倍。

在不设冷库的条件下,大批量高档名优茶,如西湖龙井、黄山毛峰等,在收购以后暂不动用的,为防止质变进行临时性贮存,一般都采用石灰块保藏法,即利用石灰块的吸湿性,使茶叶保持充分干燥。方法是选用口小肚大、不易漏气的陶坛为装茶器具。贮放前将坛洗净、晾干,用粗草纸衬垫坛底。用白细布制成石灰袋,装生石灰块,每袋0.5千克。将待藏茶叶用软白纸包后,外扎牛皮纸包好,置于坛内四周,中间嵌入1～2只石灰袋,再在上面覆盖已包装好的茶包,装满为止。装满坛子后,用数层厚草纸密封坛口,压上厚木板,以减少外界空气的进入。江南一带春秋两季多雨天气(6月与9月),视袋内石灰潮解程度,换石灰块1～2次(见石灰块呈粉末状时必须更换),始终保持坛内呈干燥状态。用这种方法贮存可使茶叶在一年内保持原有的色泽和香气。

2. 家庭用茶的保存

家庭选购的茶叶,不论是散装的还是有包装的,启封后一时用不完的,都应立即重新包装贮藏,才能保持茶叶原有的品质。家庭茶叶的贮存,力求做到防潮与无异味。目前,城市居民中冰箱冰柜比较普及,凡有冷藏条件的,最好冷藏保存茶叶。家庭如果不具备冷藏条件保管茶叶时,可采用以下几种方法贮存。

(1) 瓦坛贮茶法。一般是先用牛皮纸把茶包好,茶的水分含量不要超过6%,然后将茶叶放在陶质坛罐的四周,中间放块状石灰包,石灰包大小视茶叶数量而定,再用软草纸垫盖坛口,减少空气进入。石灰视吸湿程度每过2～3个月检查一次,见块状石灰变为粉末时,及时更换。可以保持6～10个月,如一时没有块状石灰更换,也可用硅胶代替。

（2）罐贮茶法。一般用没有异味的马口铁罐或铁听，最好是有双层铁盖的，以增强防潮性能。用铁听贮茶简单方便，取饮随意，是当前家庭贮茶最流行和最常用的方法。只要把买回的茶叶放入洁净的铁听即可。为了更好地保持听内干燥，可以在贮存茶叶的同时，放入1～2小包干燥的硅胶。装有茶叶的铁听，应置于阴凉处，不能放在阳光直射或潮湿、有热源的地方，这样既可防止铁听氧化生锈，又可抑制听内茶叶陈化、劣变的速度。

（3）袋贮茶法。塑料袋是当今最普遍和常用的包装材料，品种繁多，性能各异，价格不高，使用和携带方便，是目前家庭贮茶最简便、最经济实用的方法之一。家庭贮茶选用塑料袋时，首先，必须选用适合食品用的包装袋，非食品袋不能用，袋材要选用密度高的，即低压材料要比高压的好。其次，袋材要有一定的强度，厚实一些的为好，材料本身不应有孔洞和异味。贮存时，先用较柔软的净纸把茶叶包装好，再置入塑料袋内。如短时间内不饮用的茶叶，可用耐烧的直尺一把，蜡烛一支，用直尺把塑料袋口叠在需封口处，放在烛光上方以适当距离缓慢移动，封好袋口。为减少香气散失和提高防潮性能，可以再套上一层塑料袋，依上法再封口。一般第一次包装后，再反向套上一只塑料袋，用绳子扎好袋口，放置于阴凉干燥处，同样能达到满意的贮存效果。

（4）热水瓶贮茶法。热水瓶能保温，是由于其瓶胆中间真空和内层瓶壁镀有反射系数极高的镀层。保温性不好的热水瓶，用来贮茶，可废物利用。贮存方法是把瓶胆的空间装满茶叶，盖好塞子。若一时不饮用，可用蜡封口，这样可以保存数月，仍如新茶。利用热水瓶胆时，隔层不能破损，而且茶叶一定要十分干燥。当然瓶口已破损不能封口的，就不能用于贮茶。

茶叶贮存方式依其贮存空间的温度不同，可分为常温贮存和低温贮存两种。因为茶叶的吸湿性颇强，无论采取何种贮存方式，贮存空间的相对湿度最好控制在50%以下，贮存期间茶叶水分含量须保持在5%以下。

三、茶叶长期贮存再处理方法

第一,茶叶含水量控制在3%～5%才能长时间保存,焙火及干燥程度与茶叶贮藏期限关系密切,一般而言,焙火较重,含水量较低者可贮存较久。

第二,茶叶最适宜贮存期满时,应取出再焙火。可洗净电饭锅至无味,拭干后倒茶叶于瓷盘或铝箔纸上置入电饭锅内,开关切至"保温"位置,锅盖半掩,适时翻动,约半天时间,茶叶由陈旧味转清熟香,以食指、拇指捏之即碎为宜,降温冷却后,始可再行包装贮藏。

第三,以微波炉干燥、烘焙茶叶,由于加热时间短,且炉门紧闭,火候不易控制,常导致茶叶表面炭化或陈旧味未能逸散,技术上仍有待突破。

四、茶叶脱氧保鲜剂使用方法

茶叶常温脱氧保鲜剂经过两年多来的推广使用,用户普遍满意,反映良好。不但能保鲜保色,而且对保香保味效果显著,因此推广使用面不断扩大。茶叶脱氧保鲜剂的使用归纳起来有以下几点。

1. 对号入座

脱氧保鲜剂根据茶叶包装量的不同,有30、50、100、1000、3000型等规格,如100克的袋装(罐装)茶用50型一小包脱氧保鲜剂,125克装的用100型,250克装的用100型,10千克箱装的用1000型,如25～30千克箱装的用3000型。型号必须选准,小型号装在茶叶较多的包装内效果就差,因吸氧量有限;反过来如100型放在50克装的效果是特别好,但成本费用就会增加。

2. 操作到位

茶叶盛袋后保鲜剂可放在上面,封口时最好挤掉空气,必须做到密封不漏气，用后剩余的保鲜剂外包装袋应立即封口，否则保鲜剂会吸氧发热降低使用效果。

3．注意要点

除上述两点外，还应注意：一是成品茶必须干燥，一般龙井茶含水量不超过 7%，潮了会降低品质；二是盛放的小包装袋以较厚的复合袋为好，通透性高较薄的袋子效果差，一般聚乙烯袋效果更差，纯铝箔袋最好，封口还须严实；三是气温超过 25℃时，对色泽或多或少都有影响，所以盛放地点温度较低些好。有条件的企业用脱氧保鲜剂后再冷藏效果显著，不但保色更保香保味。

脱氧保鲜剂既保鲜，又安全卫生，一袋茶叶仅增加 0.04～0.06 元的费用，就能收到理想的效果。

五、茶叶包装

茶叶包装是保护茶叶品质、提高信誉及竞争能力的重要环节。它是选用适当的容器或材料，并对容器及材料进行技术处理，将茶叶与外界隔离的一种装置。

茶叶包装也是实现商品价值的重要手段。在流通过程中，对保护茶叶品质，确保贮藏、运输、销售、使用各个环节的安全，对美化商品、宣传商品、增强市场竞争能力，提高经济效益和社会效益，都有着重要作用。

1．茶叶包装的基本要求

茶叶商品包装不仅关系到茶叶贮运流通过程中的静态保护（如防透气、防潮、防霉、防异味、防光照等）和动态保护（如防碰、防挤压、防跌落、防过度堆码等），可减少损耗，降低流通费用；而且可以加速茶叶商品流通，促进茶叶商品销售，便于市场营销。多样化的规格和美观的装潢，可满足不同层次消费者的需求，利于消费者的选购，显著提高茶叶产品的价值。

茶叶是一种饮用商品，包装材料必须保证质量，合乎卫生标准，外表美观大方，对消费者具有较强的吸引力。因此，茶叶包装上应具备如下一些基本要求：(1) 茶叶包装要牢固、整洁、美观、密封、无毒、无味；(2) 茶叶的包装上应标明茶叶类别、等级、唛号、批号、毛重、净重、国名、厂名等；(3) 茶叶小包装应符合食品标签通用标准的规定，标明茶叶品名、等级、净重、批号、生产日期、保存期限、贮藏指南、品饮方法、产品标准代号、商标、代码、厂名、厂址及联系电话等。

2. 茶叶包装的种类

按商品包装的分类原理和茶叶商品封闭包装的实际，茶叶包装可分为软包装和硬包装两大类，软包装有纸包装、纸箱包装、布袋包装、麻袋包装、塑料薄膜包装、铝箔包装、编织袋以及某些复合材料包装等；硬包装有木箱包装、胶合板包装、金属包装、竹器包装、玻璃包装、陶瓷包装以及硬质塑料包装等。茶叶包装可细分为十类。

(1) 按是否直接与消费者见面，可分为销售包装和运输包装。其中销售包装主要有六类：①盒装，②袋装，③听装，④罐装，⑤袋泡装，⑥组合包装。

(2) 按包装所用材料，可分为纸、布袋、麻袋、纸板、木箱、胶合板、金属、陶瓷、玻璃瓶、塑料材料、竹篾和复合材料包装等。

(3) 按用户分类，可分为出口包装和内销包装。

(4) 按贮运方式，可分为集合化包装和托盘包装。

(5) 按包装层次，可分为内包装和外包装。前者是茶叶的内层包装，主要是容纳茶叶，防止茶叶与外界接触，防潮、防水、防异味，保持茶叶的品质；后者是为了便于运输和贮藏，或者为了便于装潢设计，提高茶叶包装的整体美感。

(6) 按包装体大小，可分为小包装、中包装和大包装。销售包装多为小包装，运输包装多为大包装和中包装。

(7) 按品质方法和包装技术，可分为真空包装、充氮包装、无菌包装、除氧包装和一般包装等。

（8）按包装使用次数，可分为一次性包装和耐用性包装或回收包装和不回收包装。一次性包装是不回收的，而耐用性包装则可多次使用（如木箱、铁桶等）。

（9）按包装装潢及包装繁简程序，可分为简易包装和精包装。简易包装一般只是一层的普通包装；精包装有多层的复杂包装，外层包装讲究美观效果，注意文字及图案色彩。

（10）按包装方式及形式，可分为箱包装、袋包装、盒包装、瓶包装、罐包装、桶包装等。

3. 茶叶包装材料选用

茶叶的包装有多种，从用途角度分为运输包装和礼品包装。运输包装起保质作用，同时也便于搬运和仓储；礼品包装除保质外，还兼顾装潢美化功能。以包装的体积分，有大包装和小包装两种。大包装主要用于大批量的贮藏和运输，小包装则是为了更好适应不同层次消费者的需求。不论何种包装，其材料的选用，必须对茶叶起防潮、绝气、遮光的作用。

目前，茶叶包装使用的新型薄膜，多数是气体阻隔性能良好，能较好地防止水蒸气侵入和包装袋内茶叶香气的逸散，且加工性能优良，热封方便，造型随意，有一定的机械强度和抗化学腐蚀性能，符合包装食品的卫生标准。

生产厂家常用的茶叶包装薄膜主要有普通玻璃纸、聚乙烯薄膜、聚丙烯薄膜、聚酯薄膜、尼龙薄膜及用这些材料三层甚至五层复合的复合包装薄膜，这些材料一般作为小包装用材。通常在选择时，应尽可能选用透湿量小于1[单位为克/(米^2·天)]，透氧量在透湿量相近的情况下，相对小一些的材料较为适宜。农户生产的毛茶，经收购站或茶厂收购后移交精制茶叶厂再加工，这种大批量茶叶，在运输过程中的包装，推荐使用麻袋内衬塑料袋或涂塑料麻袋，其防潮效果较好。成品茶的包装比较讲究。出口茶的包装选用三合板制夹板箱，箱内还衬有铝箔牛皮纸；内销茶大多用纸箱内套塑料防潮袋。

六、茶叶卫生标准

从 2006 年 10 月 1 日起，新的 GB 2762、GB 2763 替代了《茶叶卫生标准》(GB 9679—1988)，目前，《食品中农药最大残留限量》(GB 2763—2005)、《食品中污染物限量》(GB 2762—2005)正式文本已经公布，GB 2762、GB 2763 是依据危险性评估，对应于国际食品法典委员会(CAC)标准(食品中农药最大残留限量法典，2001 年英文版)，一致性程度为非等效。

该标准中的相关规定有：

(1)《食品中污染物限量》(GB 2762—2005)对 2 种污染物在茶叶中的含量作出限量规定，分别为铅(≤5 毫克/千克)和稀土(≤2.0 毫克/千克)。

(2)《食品中农药最大残留限量标准》(GB 2763—2005)对 9 种农药在茶叶中的含量作出限量规定，分别为六六六≤0.2 毫克/千克、滴滴涕≤0.2 毫克/千克、氯菊酯(红茶、绿茶)≤20 毫克/千克、氯氰菊酯≤20 毫克/千克、氟氰戊菊酯(红茶、绿茶)≤20 毫克/千克、溴氰菊酯≤10 毫克/千克、顺式氰戊菊酯≤2 毫克/千克、乙酰甲胺磷≤0.1 毫克/千克、杀螟硫磷≤0.5 毫克/千克。

另外，茶叶生产场所应离开垃圾场、畜牧场、医院、粪池 50 米以外，离开经常喷施农药的农田 100 米以外，远离排放“三废”的工业企业；加工和包装场地至少在每年茶季前清洗 1 次；应有足够的原料、辅料、半成品和成品仓库或场地；原料、辅料、半成品和成品应分开放置，不得混放；茶叶仓库应清洁、干燥、无异味，不得堆放其他物品等。

第四节 龙井茶的包装和贮藏保鲜

龙井茶是我国著名的历史名茶之一,其独特的色香味品质和风格享誉海内外。特别是近些年来,龙井茶受到市场的普遍认同,生产量和销售量逐年增加,成为产销量最大的名优绿茶。但是,龙井茶在贮运过程中如存放不当将直接影响其品质,导致经济价值和饮用价值的明显下降,因此,生产者和消费者对龙井茶贮藏保鲜都极为重视。龙井茶制作精细,加工工艺复杂,经济价值高,但与此相对应的贮藏及包装方式较为落后。与日本、我国台湾的茶叶包装和国内其他食品包装相比,龙井茶包装相对简陋,保鲜效果差。从市场上龙井茶贮藏及包装方式来看,多数小包装采用铁罐、纸罐或一般塑料复合袋装,包装的阻隔性能差。同时龙井茶的大批量仓储和家庭消费过程中的贮藏也都存在一些问题。

一、龙井茶的品质劣变机理和相关保鲜技术

龙井茶的品质劣变机理与普通绿茶是相同的。国内外的研究表明,温度、水分、氧气和光线是影响贮藏绿茶品质变化的四大因素。茶叶内含化学成分的自动氧化是茶叶品质劣变的根本原因;水分和温度是品质变化的条件,起加速或延缓氧化反应速度的作用;光线能改变茶叶品质,促进色素和类脂等化合物的氧化,对茶叶成分有一定的分解作用。龙井茶中最易氧化的成分有香气成分、叶绿素、维生素 C 和多酚类化合物等。依据这些研究结果,茶叶贮藏中采用了干燥技术、低温冷藏技术、除氧和抽气充氮包装技术等多种保鲜技术。

1. 干燥技术

干燥技术是传统的贮茶技术,一般采用石灰、木炭、硅胶等与

茶叶一起贮藏，具有一定的效果。从理论上讲，水分对茶叶品质影响极大，干茶含水率要尽可能地低，一般要求低于6%。环境相对湿度对干茶含水率影响很大，一般贮藏环境相对湿度应低于60%。干燥技术是延长茶叶保质、保鲜期以及应用其他保鲜技术的前提。

2. 低温冷藏技术

茶叶内含化学成分的反应速度与温度密切相关，降低温度可以减缓大多数化学变化，从而抑制绿茶内含物质的各种变化，保持其色香味等感官品质。国内外大量的研究结果都表明，在现有的茶叶保鲜技术中，低温冷藏技术最先进，效果最好。从保鲜效果和节约成本两方面考虑，龙井茶的低温冷藏温度控制在0～10℃为好。

3. 除氧和抽气充氮包装技术

国内外的相关研究结果表明，在贮藏过程中茶叶中各种生化成分的变化绝大多数需要氧气的参与。因此，无氧和低氧状态下可抑制茶叶陈化进程。在此研究基础上，采用除氧剂除氧和抽气充氮包装技术，可减轻绿茶感官品质的变化程度，增强绿茶的贮藏性能，延长有效贮藏期。

4. 其他技术

近年来又出现了一些新的保鲜技术，如在绿茶加工前或加工中加入保鲜物质也有一定的效果，生物保鲜技术也是茶叶贮藏保鲜的一种发展方向。

二、龙井茶产后大包装茶的贮藏保鲜技术

1. 采用干燥、无异味的库房贮藏

这种方法简单易行，使用成本较低，有一定效果，适合经济条件相对较差的厂家或贮藏中低档茶用。一般采用五次干燥，有条件的也可以使用除湿机。贮藏量大的一般在底层铺块状生石灰，

上层放置大包装的茶叶；贮藏数量少时可采用分装方式如箱装、袋装等，即将牛皮纸包装好的龙井茶放入装有石灰的箱或袋内一起贮藏。石灰用量应根据茶叶含水量情况而定，茶叶与生石灰的比例一般为4∶1或5∶1。这种方法在使用过程中应注意观察，需经常调换石灰，每年至少调换3～4次。

2. 采用茶叶专用冷藏库冷藏

综合现有的保鲜技术来看，采用低温冷藏是解决大批量龙井茶贮藏保鲜的最有效途径。低温冷藏可使茶叶处于低温条件下，并且避光、除湿，可大大延长茶叶的保质期，唯一的缺点是设备投入大，使用费用较高。从形式上分，用于茶叶冷藏的主要有组合式冷库和固定式土建冷库。组合式冷库容积相对较小（1～100平方米），可拆卸可组装，安装灵活机动，保温性好，安全方便，但价格相对较高，适合茶叶小型企业和零售部门贮藏高档龙井茶使用。土建冷库容积相对较大，只能固定使用，但投资相对较小，制冷设备选择余地大，适合大规模贮藏龙井茶用。冷库的制冷量应根据库房大小和贮茶多少而定，一般应配有自动调温系统，使制冷系统、冷却系统同步工作，具有自动调温、除湿的功能。从冷库运转的保质效果和经济效益综合考虑，在相对湿度控制在65%的条件下，贮茶温度控制在0～8℃为宜。

龙井茶在冷藏过程中，由于库内外温度相差较大，入库和出库都应有一个过渡处理。在入库前先将茶叶置于预冷室预冷却后再送入冷库房，而出库时先在温度相对较高的过渡房中放几天后再出库。在茶叶贮藏前，尤其是新冷库初次使用前，或者使用中库内相对湿度超过65%时，应及时进行换气排湿。冷库长期使用后，库内会出现异味，对茶叶品质不利，应及时换气，一般要求隔2～3年应对库房进行一次彻底清扫，以保持库内清洁和空气清新。

三、龙井茶销售过程中小包装茶的贮藏保鲜技术

1. 小包装龙井茶包装材料的选择

现在市场上流通的龙井茶主流包装及包装材料为铁罐或纸罐、OPP/PE、OPP/CPP、镀铝/CPP等，总体阻隔性能较差，而传统的茶叶消费和包装形式短时间难以改变，为达到保鲜效果，可在罐内套阻隔性能较好的软包装材料袋，如PET/AI/CPP、PET/OPP、PET/镀铝/CPP、BOPP/PVDC/PE等复合材料制成的袋，一般要求在一个标准大气压下透氧量低于20毫升/(米^2·天)、透湿量低于1克/(米^2·天)，或者采用近年发展起来的易拉罐式的包装方法，阻隔效果较好。铝箔复合袋虽然阻隔性能和隔光性能较好，但因为不透明，不能看到茶叶，从而影响销售。而BOPP/PVDC/PE、PET/ OPP等材料能克服这些缺点，不仅茶叶的保质、保鲜性能好，而且价格便宜，特别是BOPP/PVDC/PE复合材料的阻隔性能可以与铝箔复合袋媲美。另外，由于茶叶易吸附异味，包装材料的印刷应注意防止油墨味，特别是软包装材料在印刷后需进行去味处理。

2. 小包装龙井茶的保鲜方法

受条件所限，小包装龙井茶在销售中大多是一个开放式的过程，在保鲜方式上可采用干燥剂干燥去湿或除氧、抽气充氮等气调技术进行保鲜。特别是除氧、抽气充氮等气调技术，可以创造一个相对独立的环境，减缓茶叶品质变化的速度，非常适合流通过程中的小包装龙井茶的保鲜。抽气充氮包装要求氮气纯度高，茶叶水分含量低。抽气充氮设备的一次性投入较大，且需经常换气，适合大中型茶叶企业采用。采用除氧剂除氧则是一个简便、实用、成本低廉的好方法，适合各类企业使用。

一般在合适的茶叶包装内加入除氧剂1～2天后可使包装系统内的氧浓度下降至0.1%以下，这种环境对茶叶品质特别是色

香味的保持效果非常明显。除氧剂的加入数量和规格可根据茶叶包装体积计算，如 100 克龙井茶可选用 1 袋 100 型除氧剂。茶叶专用型除氧剂一般要求在 2 小时内使用完，未用完的应及时用封口机密封。除氧、抽气充氮等气调技术要求采用阻隔性能良好的包装材料，如 PET/Al/CPP、PET/OPP、PET/镀铝/CPP、BOPP/PVDC/PE 等，否则效果较差。除氧、抽气充氮等气调技术如能和低温冷藏技术配合使用，效果会更好。

四、龙井茶消费过程中的贮藏保鲜技术

家庭消费一般宜购买小规格包装(＜125 克)的茶叶或分批放置，尽量减少平时饮用过程中因环境条件的影响而发生的品质劣变。消费者购买龙井茶后，消费过程一般较长，为保证饮用品质，需要有一个简便可靠的贮藏方法。传统的家用贮藏法多采用石灰缸干燥法，具有一定的效果。可选择体积合适且密封性能好的铁箱、玻璃瓶、米缸等作为容器，将适量茶叶用牛皮纸包成小包放于石灰、硅胶、木炭等吸水性强的物质上面，密封即可。吸水性物质用量应根据茶叶含水量情况而定，若采用生石灰，茶叶与生石灰的比例一般为 5∶1 或 6∶1。现在家用冰箱已非常普及，采用冰箱低温冷藏是一个好方法，不仅简便可靠，而且效果明显。由于茶叶极易吸附异味和水分，而家用冰箱通常会放置各类食品，因此采用冰箱低温冷藏龙井茶时，特别要注意外包装的阻隔性能，以防止串味。最简便经济的方法是在茶叶包装外套 1～2 层高密度聚乙烯袋，然后扎紧即可。

龙井茶的经济价值较高，生产、销售和消费等各环节中都会产生品质劣变，不同环节中应采用不同的贮存保鲜方式。但不论采用何种保鲜形式，特别要注意以下几点：首先，龙井茶水分含量不得高于 6%，龙井茶生产企业应严格控制成品茶的水分含量；其次，贮藏环境的空气相对湿度要低，控制在 60% 以下为佳；最后，贮茶周围环境应无异味，避免阳光直射。

第五章　茶叶审评技术

茶叶感官审评因其准确、全面、迅捷的优点，一直被视为检验茶叶品质的基本方法。虽然今天的理化检验已有较大发展，但还不能全面反映出级别、品质间的线性关系，且某些项目尚无法做到全面推广；同时，茶叶作为饮料，最终是由人消费，而目前还没有仪器能够取代人的感官反应。因此，感官评茶在世界范围内仍被认为是评定品质优劣和等级高低的唯一方法。

各国间进行的感官评茶虽然在操作环节上不尽一致，但一般均包含形、色、香、味和叶底（茶渣）等内容，这些内容虽然代表了茶叶品质的不同方面，但每一项内容均不能单独地反映茶叶的品质。要使不同的评茶人员给出的评茶术语和品质分值相互接近，前提是要有一个统一的学习和经验获取过程。感官审评虽是一种主观行为，但因建立了一种统一的标准动作模式，也就具有了一定的客观再现性。这种模式贯穿于器具设施，也体现在评茶的方法中。

第一节　茶叶品质审评常识

一、审评方法

茶叶感官审评，是根据茶叶的形、质特性对感官的作用来分辨茶叶品质的高低。审评时，先干茶审评，然后再开汤审评，最终确定茶叶的等级。

1．八项评茶法

确定茶叶品质的高低，一般分干评外形（条索、整碎、色泽、净度），开汤评内质（香气、汤色、滋味、叶底），根据这些项目逐一进行评论，并按照评茶术语写出评语。

（1）条索是各类茶具有的一定外形规格，是区别商品茶种和等级的依据。例如，炒青条形、珠茶圆形、龙井扁形、红碎茶颗粒形，以及各种名茶都有一定的外形特点。一般长条形茶评比松紧、弯直、壮瘦、圆扁、轻重；圆形茶评比颗粒的松紧、匀正、轻重、空实；扁形茶评比是否符合规格、平整光滑程度等。

（2）整碎是指茶叶的匀整程度，好的茶叶要保持茶叶的自然形态，精制茶要看筛档是否匀称，面张是否平伏。

（3）色泽反映的是茶叶表面的颜色、颜色的深浅程度，以及光线在茶叶面的反射光亮度。各种茶叶均有一定的色泽要求，如红茶乌黑油润、绿茶翠绿、乌龙茶青褐色、黑茶黑油色等。

（4）净度是指茶叶中含夹杂物的程度。净度好的茶叶不含任何夹杂物。

（5）香气是茶叶冲泡后随水蒸气挥发出来的气味。由于茶类、产地、季节、加工方法的不同，就会形成与这些条件相应的香气。如红茶的甜香、绿茶的清香、乌龙茶的果香或花香、高山茶的嫩香、祁门红茶的砂糖香等。审评香气除辨别香型外，主要比较香气的纯异、高低、长短。香气纯异指香气与茶叶应有的香气是否一致，是否夹杂其他异味；香气高低可用浓、鲜、清、纯、平、粗来区分；香气长短也就是香气的持久性，香气高、持久是好茶，有烟、焦、酸、馊、霉等异味是劣变茶。

（6）汤色是茶叶形成的各种色素，溶解于沸水中而形成的色泽。汤色在审评过程中变化较快，为了避免色泽的变化，审评中要先看汤色，或者嗅香气与看汤色结合进行。汤色审评主要抓住色度、亮度、清浊度三个方面。汤色随产地品种、鲜叶老嫩、加工方法而变化，但各类茶有一定的色度要求，如绿茶的黄绿明亮、红茶的红艳明亮、乌龙茶的橙黄明亮、白茶的浅黄明亮等。

(7) 滋味是评茶人的口感反应。评茶时首先要区别滋味是否纯正，一般纯正的滋味可以分为浓淡、强弱、鲜爽、醇和几种，不纯正滋味有苦涩、粗青、异味。好的茶叶浓而鲜爽，刺激性强，或者富有收敛性。

(8) 叶底是冲泡后剩下的茶渣。评定方法是以芽与嫩叶含量的比例和叶质的老嫩度来衡量。芽或嫩叶的含量与鲜叶等级密切相关，一般好茶叶的叶底，质地柔软，色泽明亮均匀一致。好茶叶的叶底表现明亮、细嫩、厚实、稍卷，差的叶底表现枯暗、粗老、单薄、摊张等，而焦叶、劣变叶、掺杂叶则不允许存在。

2. 五项评茶法

五项评茶法是我国传统的感官审评方法，即将审评内容分为外形、汤色、香气、滋味和叶底，经干评、湿评后得出结论。在每一项审评内容中，均包含诸多审评因素，如外形需评定嫩度、形态、整碎、净度等；汤色需评颜色、亮度和清浊度；香气包括香型、高低、纯异和持久性；滋味评定因素有纯异、浓淡、酸涩、厚弱、甘苦及鲜爽感等；叶底需评嫩度、色泽、匀度等每个因素的不同表现，均有专用的评茶术语予以表达。

五项评茶法要求审评人员视、嗅、味觉器官并用，外形与内质审评兼重。在运用时由于时间的限制，尤其是在多只茶审评时，工作强度、难度较大，不仅需要评茶人员训练有素，审评中也形成侧重和主次之分，即不同项目间和同一项目不同因素间，重点把握对品质影响大和对品质表现起主要作用的项目(因素)，并考虑相互的影响，进而作出综合评定。

五项评茶法的计分，一般依据不同茶类的饮用价值，通过划分不同的审评项目品质(评分)系数，进行加权计分。就单个项目品质系数比较而言，外形所占比值最大，但小于内质各项比值之和。采用加权计分，不仅较好地体现了对品质的侧重，也保障了综合评定的准确性，排除了各个审评项目单独计分的弊端。

五项评茶法主要运用在农业系统的茶叶质量检验和品质评比中，在科研机构中也多有针对性的运用。

二、茶叶审评基本要求

1. 设备

茶叶审评技术性强，评茶人员应具有敏锐的审辨能力，善于全面观察和分析各种因素，减少主观误差；同时，还应周密地考虑茶叶审评各种外界因素的影响，如光线、审评台、用具、用水等，达到正确判定品质的目的。

光线。应采用良好、柔和、不反光的北向光为宜。可在向北方向设置采光窗，尽量避免东向光、西向光的映射和外界各种反射光源的辐射。

审评台。应配置观看茶叶的干看台和冲泡茶叶的湿看台，便于审评时干湿兼看。

审评用具。必须规格一致、洁净、专用。

(1) 茶样盘。茶叶干看专用乳白色塑料盘，规格为长宽各 23 厘米，高 3.5 厘米，盘一角开有缺口，便于倒出茶叶。

(2) 审评杯。倒钟形带有圆盖的瓷瓯，纯白瓷烧制，细腻薄亮，杯的上口径 8.2 厘米、中上部口径 6 厘米、下口径 4.2 厘米，高 4.2 厘米，容量 110 毫升；圆盖直径 7.6 厘米，呈浅弧型，上有一圆形耳环。

(3) 茶碗。小饭碗状，碗边略直，高 3.9 厘米，口径 8.5 厘米，容量 120 毫升。

(4) 叶底盘。医用白色搪瓷盘，规格为长 23 厘米、宽 17 厘米、高 2.5 厘米。

此外，还应配用样品柜、保鲜柜、开水壶、天平、茶匙、计时器具等。

2. 用水

审评用水与茶叶的色、香、味有很大的关系。好水更能体现好茶的品质。

泡茶用水大多为泉水、井水、溪水、矿泉水等，应注意水质，要使用钙镁离子含量少的软水。用水适宜指标为 0 级、无臭无味，色度＜10 度，透明无乳光，浊度＜5 度，肉眼可见物不得存在，化学指标 pH 值为＜6～7，总硬度＜15 克，总铁量＜0.1 毫克/升，总余氯＜0.1 毫克/升。

3. 扦样

在每一个茶叶样品中，有许多形态各异、松紧不同、轻重有别的个体，其品质又由许多相关因子构成。由于茶叶具有相当的不均匀性，要扦取能代表一批茶叶的样茶，需要十分认真细致。取样是要从一批茶叶中，抽取代表整批毛茶或精制茶品质特征的最低数量的茶样，作为审评茶叶品质或检验茶叶之用。取样是否正确、是否能代表整批茶叶的品质，是保证审评及检验结果正确与否的首要工作，尤其是冲泡取样只有 3 克的茶叶，取样更要严格，因此取样需由经过训练且有经验的人员担任。取样冲泡时，应先将茶罐中的茶样倒出 2/3，置于审茶盘上，先搅拌均匀，再用拇指、食指、中指抓取茶叶，每杯用量最好一次抓够，不宜多次抓茶添增，抓样动作要轻，尽量避免将茶叶抓碎或弄断而导致走样，影响茶叶品质的审评。

第二节　茶叶选购常识

茶叶的选购不是易事，要想得到好茶叶，需要掌握大量的知识，如各类茶叶的等级标准、价格与行情，以及茶叶的审评、检验方法等。茶叶的好坏，主要从色、香、味、形四个方面鉴别。普通人购买茶叶时，一般只停留于看干茶的外形、色泽，闻干香，所以更难判断茶叶的品质。

一、干茶鉴别方法

干茶外形，主要从五个方面来鉴别，即嫩度、外形、色泽、整碎和净度。

1．嫩度

嫩度是决定品质的基本因素，所谓“干看外形，湿看叶底”，就是指嫩度。一般嫩度好的茶叶，容易符合该茶类的外形要求（如龙井之“光、扁、平、直”）。此外，还可以从茶叶有无锋苗去鉴别。锋苗好，白毫显露，表示嫩度好，做工也好。如果原料嫩度差，做工再好，茶条也无锋苗和白毫。但是不能仅从茸毛多少来判别嫩度，因各种茶的具体要求不一样，如极好的狮峰龙井是体表无茸毛的。再者，茸毛容易假冒，人工做上去的很多。芽叶嫩度以多茸毛作为判断依据，只适合于毛峰、毛尖、银针等“茸毛类”茶。这里需要指出的是，最嫩的鲜叶，也得一芽一叶初展，片面采摘芽心的做法是不恰当的。因为芽心是生长不完善的部分，内含成分不全面，特别是叶绿素含量很低，所以不应单纯为了追求嫩度而只用芽心制茶。

2．外形

外形是各类茶具有的一定外形规格，一般来说，条索紧、身骨重、圆（扁形茶除外）而挺直，说明原料嫩，做工好，品质优；如果外形松、扁（扁形茶除外）、碎，并有烟、焦味，说明原料老，做工差，品质劣。以杭州地区绿茶条索标准为例，一级、二级、三级、四级、五级、六级的标准为细紧有锋苗、紧细尚有锋苗、尚紧实、尚紧、稍松、粗松。可见，以紧、实、有锋苗为上。

3．色泽

茶叶色泽与原料嫩度、加工技术有密切关系。各种茶均有一定的色泽要求，但是无论何种茶类，好茶均要求色泽一致，光泽明亮，油润鲜活。如果色泽不一，深浅不同，暗而无光，说明原料老嫩不一，做工差，品质劣。茶叶的色泽还和茶树的产地以及季节有很大关系。如高山绿茶，色泽绿而略带黄，鲜活明亮；低山茶或平地茶色泽深绿有光。购茶时，应根据具体购买的茶类来判断，比如龙井中最好的狮峰龙井，其明前茶并非翠绿，而是天然的糙米色，呈嫩黄，这是狮峰龙井的一大特色，在色泽上明显区别于其他龙井。在炒制茶叶过程中稍稍炒过头而使叶色变黄是假狮峰，真假狮峰的区别是，真狮峰匀称光洁、淡黄嫩绿、茶香中带有清香；假狮峰则角松而空，毛糙，偏黄色，茶香带有炒黄豆香。炒制过火的假狮峰，完全没有龙井茶应有的馥郁鲜嫩的香味。

4. 整碎

整碎就是茶叶的外形和断碎程度，以匀整为好，断碎为次。比较标准的茶叶审评方法是：将茶叶放在盘中(一般为木质)，使茶叶在旋转力的作用下，依形状大小、轻重、粗细、整碎形成有次序的分层。其中粗壮的在最上层，紧细重实的集中于中层，断碎细小的沉积在最下层。各茶类，都以中层茶为好；上层一般粗老叶子多，滋味较淡，水色较浅；下层碎茶多，冲泡后往往滋味过浓，汤色较深。

5. 净度

主要看茶叶中是否混有茶片、茶梗、茶末、茶籽和制作过程中混入的竹屑、木片、石灰、泥沙等夹杂物的多少。净度好的茶，不含任何夹杂物。

此外，还可以通过茶的干香来鉴别。无论哪种茶都不能有异味，每种茶都有特定的香气，干香和湿香也有不同，须根据具体情况来定，青气、烟焦味和熟闷味均不可取。最易判别茶叶质量的，是冲泡之后的口感滋味、香气以及叶片茶汤色泽。所以如果允许，购茶时尽量冲泡后尝试一下。若是特别偏好某种茶，最好查找一些该茶的资料，准确了解其色香味形的特点，每次买到的茶都互相比较一下，这样次数多了，就容易找到窍门。

茶艺馆里的茶，价钱比外面的贵出许多，但这里比较容易找到好茶。在茶艺馆里买茶一则是可以试其好坏，二则比较好的茶艺馆的茶，本身就是经过认真挑选的，若无法到产地购茶，也不失为一个选择。还有就是一些比较大的茶庄，可以当场试茶。如果对某种茶很有鉴别能力，则可以到茶叶批发市场去购买，那里的茶，相比小茶叶店，比较新，且可选的种类多，价格比较便宜。茶叶批发市场和小茶叶店因成本的缘故都较少经营非常好的茶，尤其是特级绿茶，好茶多数被大的茶庄和茶叶公司收购。

二、茶叶鉴别技巧

1. 新茶与陈茶

一般而言，新茶比陈茶好，但并非一定如此。适时贮藏，对龙井茶而言也会色味俱佳：如乌龙茶，只要保存得当，即使是隔年陈茶，同样具有香气馥郁、滋味醇厚的特点；福建的武夷岩茶，隔年陈茶更加芳香馥郁，滋味醇厚；广西的六堡茶、云南的普洱茶、湖北的茯砖茶等，也在一定程度上是“越陈越香”。不过，在众多的茶类花色品种中，还是“以新为贵”。好饮茶的人讲究“茶要新，水要活”，一般认为要新茶、活水才能泡出好茶。

而新茶与陈茶的界限是：每年 3 月新茶上市以后，上一年的茶就是陈茶了。陈茶因贮藏时间长，内质发生变化，品质大多有所下降。但是茶叶并不是四季都能够采摘，所以我们还离不开陈茶，不管这茶是在茶厂放陈的、在商店放陈的，还是在自己家里放陈的，可以从以下四个方面进行辨别。

(1) 色泽鉴别。一般绿茶色泽青翠碧绿，汤色黄绿明亮。红茶色泽乌润、汤色红橙泛亮，是新茶的标志；陈茶则色泽枯暗、缺乏光泽、无油润感，茶梗断处截面呈暗黑色。这是因为茶叶在贮存过程中，受空气中的氧气和光的作用，构成茶叶色泽的一些色素物质被缓慢分解，绿茶色泽由新茶时的青翠嫩绿变成灰黄，红茶由新茶时的乌润变成灰褐色。

(2) 汤色鉴别。一般的茶在贮藏过程中，由于茶褐素的增加，茶汤色会变得黄褐不清，失去了原有的新鲜色泽。但是各种茶因制作方式及发酵程度不同，具有不同的标准汤色。茶汤水色以浓厚明亮透底者为佳；若浑浊暗淡透明度不足则为下品。此外茶汤中沉淀物愈少愈好(好品质的红茶汤冷却后出现乳化现象，则另当别论)。

(3) 香气鉴别。构成茶叶香气的成分有300多种，主要是醇类、酯类、醛类等物质。它们在茶叶贮藏过程中，既能不断挥发，又会缓慢氧化。所以，陈茶由于香气物质的氧化和挥发，茶叶的香气就会由高变低，香型就会由新茶时清香馥郁而变得低闷浑浊。

(4) 滋味鉴别。不管何种茶类，新茶的滋味大都醇厚鲜爽，而陈茶茶叶中酯类物质经氧化后可溶于水的有效成分大大减少，茶叶滋味由醇厚变得淡薄，同时又因茶叶中氨基酸被氧化等原因，茶叶的鲜爽味减弱。

2. 真茶与假茶

一般可用感官审评的方法去鉴别，就是通过人的视觉、感觉和味觉器官，根据茶叶的本质特征，用眼看、鼻闻、手摸、口尝的方法，综合判断出是真茶还是假茶。

假茶通常是用金银叶、蒿叶、嫩柳叶、榆树叶、枣树叶、冬青叶等非茶树叶制成。鉴别时，通常首先用双手捧起一把干茶，放在鼻端，深深吸一下茶叶气味，凡具有茶香者，为真茶；凡具有青腥味，或夹杂其他气味者即为假茶。同时，还可结合茶叶色泽来鉴别：用手抓一把茶叶放在白纸或白盘子中间，摊开茶叶，精心观察，倘若绿茶深绿，红茶乌润，乌龙茶乌绿，且每种茶的色泽基本均匀一致，当为真茶；若茶叶颜色杂乱，很不协调，或与茶的本色不相一致，即有假茶之嫌。

如果通过闻香观色还不能作出抉择，那么，还可取适量茶叶，放入玻璃杯或白色瓷碗中，冲上热水，进一步从汤的香气、汤色、滋味上进行开汤鉴别，假茶汤色浅淡，无茶叶醇厚、鲜爽的滋味。

真茶假茶还可以从已展开的叶片来辨别。

(1) 真茶的叶片边缘锯齿，上半部密，下半部稀而疏，近叶柄处平滑无锯齿；假茶叶片则多数叶缘四周布满锯齿，或者无锯齿。

(2) 真茶具有明显的网状叶脉，主脉直射顶端，侧脉伸到离叶缘2/3处，使向上弯曲，呈弧形与前一侧脉相连接；假茶叶脉明显或十分明显且直射边缘。真茶叶的边缘略呈锯齿状且芽及嫩叶背面均有白茸毛，而假茶叶片侧脉多呈羽毛状。

(3) 真茶叶片背面的茸毛，在放大镜下可以观察到它的上半部与下半部是呈45°～90°角弯曲；假茶叶片或背面无茸毛，或与叶面垂直生长。

(4) 真茶叶片在茎上呈螺旋状互生；假茶叶片在茎上通常是对生，或几片叶簇状着生。

也可用化学方法来鉴别，因为茶叶都含有2%～5%咖啡因和10%～20%的茶多酚。迄今为止，在植物叶片中同时含有这两种成分且含量高，非茶叶莫属。

3. 高山茶与平地茶

几乎是所有的茶人都知道，高山出好茶。高山茶与平地茶相比，前者的香气特别高，滋味特别浓。

(1) 高山出好茶。我国的历代贡茶、传统名茶，以及当代新创制的名茶，大多出自高山。高山为什么出好茶呢？明代陈襄作的古诗曰："雾芽吸尽香龙脂"，认为高山茶的品质之所以好，是因为在云雾中吸收了"龙脂"的缘故。所以，我国的许多名茶，以山名加云雾命名的特别多。如江西的庐山云雾茶、浙江的华顶云雾茶、湖北的熊洞云雾茶、安徽的高峰云雾茶、江苏的花果山云雾茶、湖南的南岳云雾茶等。其实，高山之所以出好茶，是优越的茶树生态环境造就的。据考证，茶树的原产地在我国西南部的多雨潮湿的原始森林中，经过长期的历史进化，逐渐形成了喜温、喜湿、耐阴的生活习性。高山出好茶的奥妙，就在于高山优越的生态条件，正好满足了茶树生长的需要。具体来讲，原因有以下几个方面。

①高山多雾的环境有利于茶树生长。首先，光线受到雾珠的影响，使得红、橙、黄、绿、蓝、靛、紫七种可见光的红黄光得到加强，从而使茶树芽叶中的氨基酸、叶绿素和水分含量明显增加；其次，高山森林茂盛，茶树接受光照时间短、强度低、漫射光多，这样有利于茶叶中含氮化合物，诸如叶绿素和氨基酸含量的增加；最后，高山有葱郁的林木、茫茫的云海，空气和土壤的湿度高，从而使茶树芽叶光合作用形成的糖类化合物缩合困难，纤维素不易形成，茶树新梢可在较长时期内保持鲜嫩而不易粗老。在这种情况下，对茶叶的色泽、香气、滋味、嫩度的提高，特别是对绿茶品质的改善，十分有利。

②高山植被繁茂，枯枝落叶多，地面形成了一层厚厚的覆盖物，这样不但土壤质地疏松、结构良好，而且土壤有机质含量丰富，茶树所需的各种营养成分齐全，从生长在这种土壤的茶树上采摘下来的新梢，有效成分特别丰富，加工而成的茶叶，当然香高味浓。

③高山的气温对改善茶叶的内质有利。一般说来，海拔每升高 100 米，气温大约降低 0.5℃。温度决定了茶树中酶的活性。现代科学分析表明，茶树新梢中茶多酚和儿茶素的含量随着海拔高度的升高和气温的降低而减少，从而使茶叶的浓涩味减轻；而茶叶中氨基酸和芳香物质的含量却随着海拔的升高和气温的降低而增加，这就为茶叶滋味的鲜爽甘醇提供了物质基础。茶叶中的芳香物质在加工过程中会发生复杂的化学变化，产生某些鲜花的芬芳香气，如苯乙醇能形成玫瑰香，茉莉酮能形成茉莉香，沉香醇能形成玉兰香，苯丙醇能形成水仙香等。许多高山茶之所以具有某些特殊的香气，道理就在于此。

可见,高山出好茶乃是由于高山的气候与土壤综合作用的结果。当然,只要气候温和,雨量充沛,云雾较多,温度较大,以及土壤肥沃,土质良好,具备了高山生态环境的地方,同样会生产出品质优良的茶叶。所谓高山出好茶,是与平地相比而言,并非山越高,茶越好。对主要高山名茶产地的调查表明,这些茶山大都海拔在200～600米。海拔超过800米,由于气温偏低,茶树生长受阻,且易受白星病危害,用这种茶树新梢制出来的茶叶,饮起来涩口,味感较差。

(2) 高山茶与平地茶的品质特征。高山茶与平地茶由于生态环境有别,不仅茶叶形态不一,而且茶叶内质也不相同。高山茶新梢肥壮,色泽翠绿,茸毛多,节间长,鲜嫩度好。由此加工而成的茶叶,往往具有特殊的花香,而且香气高,滋味浓,耐冲泡,且条索肥硕、紧结,白毫显露。平地茶新梢短小,叶底硬薄,叶张平展,叶色黄绿少光。加工而成的茶叶,香气稍低,滋味较淡,条索细瘦,身骨较轻。在上述众多的品质因子中,差异最大的是香气和滋味两项。平常茶人所说的某茶"具有高山茶的特征",就是指茶叶具有高香、浓味的特点。

4. 香花茶与拌花茶

花茶既具有茶叶的爽口浓醇之味,又具鲜花的纯清雅香之气。自古以来,茶人对花茶就有"茶引花香,以益茶味"之说。

花茶,又称香花茶、熏花茶、香片等。它以精制加工而成的茶叶(又称茶坯),配以香花窨制而成,是我国特有的一种茶叶品类。目前,我国的花茶产区遍及福建、江苏、浙江、湖南、安徽、广东、四川、江西、台湾、广西、云南等省、自治区。此外,湖北、河南、山东、贵州等省,亦有少量生产。这些花茶,主销我国长江以北各省(自治区、直辖市),尤以北京、天津两大城市销量最大。日本、美国以及西欧一些国家的人们,也喜欢我国的花茶。他们认为,"在中国的花茶里,可以闻到春天的气味"。

(1) 拌花茶不是香花茶。窨制花茶的原料,一是茶坯,二是香花。茶叶疏松多细孔，具有毛细管的作用，容易吸收空气中的水气和气体；它含有的高分子棕榈酸和萜烯类化合物，也具有吸收异味的特点。花茶窨制就是利用茶叶吸香和鲜花吐香两个特性，一吸一吐，使茶味花香合二而一，这就是窨制花茶的基本原理。

花茶经窨花后，要进行提花，就是将已经失去花香的花干，通过筛分剔除，尤其是高级花茶更是如此，只有少数香花的片、末偶尔残留于花茶之中。在一些低级花茶中，有时为了增色会夹杂少量花干，但这无助于提高花茶的香气。所以，成品花茶并非是由香花和茶叶两部分构成的，只是茶叶吸收了鲜花中的香气而已。

与香花相应的拌花茶，是在未经窨花和提花的低级茶叶中，拌上一些已经过窨制、筛分出来的花干，充作花茶。这种茶，由于香花已经失去香味，茶叶已无香可吸，拌上些花干，只造成一种错觉。所以，从科学角度而言，只有窨花茶才能称作花茶，拌花茶实则是一种假冒花茶。

(2) 香花茶与拌花茶的区别。要区分香花茶与拌花茶，通常用感官审评的办法。审评时，只要捧上一把茶，用力吸一下茶叶的气味，凡有浓郁花香者，为香花茶；茶叶中虽有花干，只有茶味，却无花香者乃是拌花茶。或者用开水冲泡茶叶，只要一闻一饮，就可以判断有无花香存在。但也有少数假花茶，将茉莉花香型的一类香精喷于茶叶表面，再放上一些窨制过的花干，这就增加了识别的困难。不过，这种花茶的香气只能维持1～2个月，以后就消失殆尽。即使在香气有效期内，凡有一定饮花茶习惯的人，可凭对香气的感觉将其区别出来。用天然鲜花窨制的花茶，则有闷浊之感。

(3) 香花茶品质鉴定。花茶质量的高低，固然与茶叶质量高低密切相关，但香气也是评判花茶质量好坏的主要品质因子。审评花茶香气时，通常多用闻嗅，重复2～3次进行。花茶经冲泡后，每嗅一次为使花香气得以透发，都得加盖用力抖动一下审评杯。凡花茶香气达到“浓、鲜、清、纯”者，就属正宗上品。如茉莉花茶的清鲜芬芳，珠兰花茶的浓纯清雅，玳玳花茶的浓厚净爽，玉兰花茶的浓烈甘美等，都是正宗上等花茶的香气特征。倘若花茶有郁闷浑浊之感，自然称不上上等花茶了。

一般说来，上等窨花茶，头泡香气扑鼻，二泡香气纯正，三泡仍留余香。而所有这些，在拌花茶中是无法达到的，拌花茶最多在头泡时尚能闻到一些低沉香气，或者根本闻不到香气。

三、春、夏、秋茶的识别

1. 春、夏、秋茶的划分

春茶、夏茶与秋茶的划分，主要是依据季节变化和茶树新梢生长的间歇而定的。在我国的气候条件下，除华南茶区的少数地区外，绝大部分产茶地区，茶树生长和茶叶采制是有季节性的：江北茶区茶叶采制为 5 月上旬至 9 月下旬，江南茶区茶叶采制期为 3 月下旬至 10 月中旬，西南茶区茶叶采制期限 1 月下旬至 12 月上旬。

属于亚热带和温带地区的茶区，包括江北茶区、江南茶区和西南茶区，通常按采制时间，划分为春、夏、秋三季茶。季节茶的划分标准往往不一致。有的以节气分：清明至小满为春茶，小满至小暑为夏茶，小暑至寒露为秋茶；有的以时间分：5 月底以前采制的为春茶，6 月初至 7 月上旬采制的为夏茶，7 月中旬以后采制的为秋茶。我国华南茶区，由于地处热带，四季不大分明，几乎全年都可采制茶叶，因此，除了有春茶、夏茶和秋茶之分外，还有按茶树新梢生长先后、采制迟早，划分为头轮茶、二轮茶、三轮茶、四轮茶。

茶树由于受气候、品种，以及栽培管理条件的影响，每年每季茶采制的时间是不一致的。大体来说，自南向北逐渐推迟，南北差异达 3～4 个月。另外，即使是同一茶区，甚至同一块茶园，年与年之间，也可以因气候、管理等原因，相差 5～20 天。

2. 春、夏、秋茶品质差异原因

由于茶季不同，茶树生长状况有别，即使是在同一块茶园内采制的不同茶季的茶叶，其外形和内质都有较大的差异。

以绿茶为例，由于春季气温适中，雨量充沛，加上茶树经头年秋冬季较长时期的休养生息，体内营养成分丰富，所以，春季不但芽叶肥壮，色泽绿翠，叶质柔软，白毫显露，而且与提高茶叶品质相关的一些有效成分，特别是氨基酸和多种维生素的含量也较丰富，使得春茶的滋味更为鲜爽，香气更加强烈，保健作用更为明显。加之，春茶期间一般无病虫危害，无须使用农药，茶叶无污染，因此春茶，特别是早期的春茶，其品质往往是一年中最佳的。所以，众多高级名绿茶，诸如西湖龙井、洞庭碧螺春、黄山毛峰、庐山云雾等，均来自春茶前期。

夏茶，由于采制时正逢炎热季节，虽然茶树新梢生长迅速，有"茶到立夏一夜粗"之说，但很容易老化。茶叶中的氨基酸、维生素的含量明显减少，使得夏茶中花青素、咖啡因、茶多酚含量明显增加，滋味显得苦涩。

秋茶介于春茶夏茶之间，在秋茶后期，气候虽较为温和，但雨量往往不足，采制而成的茶叶会显得较为枯老。特别是茶树历经春茶和夏茶的采收，体内营养有所亏缺，因此，采制而成的茶叶，内含物质贫乏。在这种情况下，不但茶叶滋味淡薄，而且香气欠浓，叶色较黄。所谓"要好吃，秋白露"，说的是茶叶"味道和淡"罢了。

对红茶而言，由于春茶期间气温低，湿度大，发酵困难，而夏茶期间气温较高，湿度较小，有利红茶发酵变红，特别是天气炎热可使得茶叶中的茶多酚、咖啡因的含量明显增加，因此，干茶和茶汤均显得红润，滋味也较强烈。但由于夏茶中的氨基酸含量减少，对形成红茶的鲜爽味有一定影响。

3. 春、夏、秋茶品质特征

春茶、夏茶和秋茶的品质特征，可以从两个方面去描述。

（1）干看。主要从干茶的色、香、形三个因子上加以判断。凡绿茶色泽绿润，红茶色泽乌润，茶叶肥壮重实，或有较多白毫，且红茶、绿茶条索紧结，珠茶颗粒圆紧，香气馥郁，是春茶的品质特征；凡绿茶色泽灰暗，红茶色泽红润，茶叶轻飘松宽，嫩梗宽长，且红茶、绿茶条索松散，珠茶颗粒松泡，香气稍带粗老，是夏茶的品质特征；凡绿茶色泽黄绿，红茶色泽暗红，茶叶大小不一，叶张轻薄瘦小，香气较为平和，是秋茶的标志。

在购茶时还可结合偶尔夹杂在茶叶中的茶花、茶果来判断是何季茶。如果发现茶叶中夹有茶树幼果，其大小近似绿豆时，那么可以判断为春茶。若幼果接近豌豆大小，可以判断为夏茶。若茶果直径已超过 0.6 厘米，可以判断为秋茶。不过，秋茶时由于鲜茶果的直径已达到 1 厘米左右，一般很少会夹杂到茶叶中。自 7 月下旬开始，直至当年 8 月，为茶树花蕾期，而 9～11 月为茶树开花期，所以凡发现茶叶中杂有干茶树花蕾或干茶树花朵者，当为秋茶了。只是，茶叶在加工过程中，通过筛分、拣剔，很少会有茶树花、果夹杂。因此，在判断季节茶时，必须进行综合分析，方可避免片面性。

（2）湿看。就是对茶叶进行开汤审评，以进一步判断。凡茶叶冲泡后下沉快，香气浓烈持久，滋味醇，绿茶汤色绿中显黄，红茶汤色艳现金圈，茶叶叶底柔软厚实，正常芽叶多者，为春茶；凡茶叶冲泡后，下沉较慢，香气稍低，绿茶滋味欠厚稍涩，汤色青绿，叶底中夹杂铜绿色芽叶，红茶滋味较强欠爽，汤色红暗，叶底较红亮，茶叶叶底薄而较硬，对夹叶较多者，为夏茶；凡茶叶冲泡后香气不高，滋味平淡，叶底夹有铜绿色芽叶，叶张大小不一，对夹叶多者，为秋茶。

四、十大名茶

1. 西湖龙井产于浙江杭州西湖区。茶叶为扁形，叶细嫩，条形整齐，宽度一致，为绿黄色，手感光滑，一芽一叶或二叶；芽长于叶，一般长3厘米以下，芽叶均匀成朵，不带夹蒂、碎片，小巧玲珑，龙井茶味道清香。西湖龙井茶向来以“狮（峰）、龙（井）、云（栖）、虎（跑）、梅（家坞）”排列品第。炒制时，分“青锅”、“烩祸”两个工序，炒制手法很复杂，一般有抖、带、甩、挺、拓、扣、抓、压、磨、挤等十大手法，炒制时，依鲜叶质量高低和锅中茶坯的成形程度，不时地改换手法，因势利炒而成。

2. 碧螺春产于江苏吴县太湖的洞庭山碧螺峰。银芽显露，一芽一叶，茶叶总长度为1.5厘米，芽为白毫卷曲形，叶为卷曲清绿色，叶底幼嫩，均匀明亮。碧螺春是“铜丝条，螺旋形，浑身毛，一嫩（指芽叶）三鲜（指色、香、味）自古少”。大多采用手工方法炒制，其工艺过程是：杀青—炒揉—搓团焙干。三个工序在同一锅内一气呵成，炒制特点是炒揉并举，关键在提毫，即搓团焙干工序。

3. 信阳毛尖产于河南信阳车云山。其外形条索紧细、圆、光、直，青黑色，一般一芽一叶或一芽二叶。炒制分生锅和熟锅两次炒。炒生锅的主要作用是杀青并轻揉。炒熟锅是用扫把呈弧形来回抖动，予以紧条和理条，使茶叶外形达到紧、细、直、光。然后将茶叶摊放在焙笼上，约经半小时，再放到坑灶上烘焙。

4. 君山银针产于湖南岳阳君山。由未展开的肥嫩芽头制成，芽头肥壮挺直、匀齐，满披茸毛，色泽金黄光亮，香气清鲜，茶色浅黄，味甜爽，冲泡看起来芽尖冲向水面，悬空竖立，然后徐徐下沉杯底，形如群笋出土，又像银刀直立。君山银针茶于清明前三四天开采，以春茶首轮嫩芽制作，且须选肥壮、多毫、长2.5～3厘米的嫩芽，经拣选后，以大小匀齐的壮芽制作银针。制作工序分杀青、摊凉、初烘、复摊凉、初包、复烘、再包、焙干等八道工序。

5. 六安瓜片产于安徽六安和金寨两县的齐云山。其外形平展，每一片不带芽和茎梗，叶呈绿色光润，微向上重叠，形似瓜子，内质香气清高，水色碧绿，滋味回甜，叶底厚实明亮。瓜片的采摘时间一般在谷雨和立夏之间，较其他高级茶迟半月左右，攀片时要将断梢上的第一叶到第三四叶和茶芽用手一一攀下，第一叶制“提片”，二叶制“瓜片”，三叶或四叶制“梅片”，芽制“银针”，随攀随炒。炒片起锅后再烘片，每次仅烘片2～3两，先“拉小火”，再“拉老火”，直到叶片白霜显露，色泽翠绿均匀，然后趁热密封储存。

6. 黄山毛峰产于安徽歙县黄山。其外形细嫩稍卷曲，芽肥壮、匀齐，有锋毫，形状有点像“雀舌”，叶呈金黄色；色泽嫩绿油润，香气清鲜，水色清澈、杏黄、明亮，味醇厚、回甘，叶底芽叶成朵，厚实鲜艳。黄山茶的采制相当精细，清明到立夏为采摘期，采回来的芽头和鲜叶还要进行选剔，剔去其中较老的叶、茎，使芽匀齐一致。在制作方面，要根据芽叶质量，控制杀青温度，不致产生红梗、红叶和杀青不匀不透的现象；火温要先高后低，逐渐下降，叶片着温均匀，理化变化一致。

7. 祁门红茶产于安徽祁门县。茶颜色为棕红色，切成0.6～0.8厘米，味道浓厚，强烈醇和、鲜爽。祁门红茶的采摘季节，是在春、夏两季。制作工艺精细，采摘一芽二三叶的芽叶做原料，经过萎凋、揉捻、发酵，使芽叶由绿色变成紫铜红色，香气透发，然后进行文火烘焙至干。红毛茶制成后，还须进行精制，精制工序复杂花工夫，经毛筛、抖筛、分筛、紧门、撩筛、切断、风选、拣剔、补火、清风、拼和、装箱而制成。

8. 庐山云雾产于江西星子县庐山。以一芽一叶为初展标准，长约3厘米。成品茶外形饱满秀丽，色泽碧嫩光滑，香如幽兰，味浓醇鲜爽，芽叶肥嫩显白亮。采回茶片后，薄摊于阴凉通风处，保持鲜叶纯净。然后，经过杀青、抖散、揉捻等九道工序才制成成品。

9. 铁观音产于福建安溪县。叶体沉重如铁，形美如观音，多呈螺旋形，色泽砂绿，光润，绿蒂，具有天然兰花香，汤色清澈金黄，味醇厚甜美，入口微苦，立即转甜，耐冲泡，叶底开展，青绿红边，肥厚明亮，每颗茶都带茶枝。铁观音的制作工艺十分复杂，制成的茶叶条索紧结，色泽乌润砂绿。好的铁观音，在制作过程中因咖啡因随水分蒸发还会凝成一层白霜;冲泡后,有天然的兰花香,滋味纯浓。用小巧的功夫茶具品饮,先闻香,后尝味,顿觉满口生香,回味无穷。

10. 武夷岩茶产于福建崇安县。外形条索肥壮、紧结、匀整,带扭曲条形,俗称"蜻蜓头",叶背起蛙皮状砂粒,俗称"蛤蟆背",滋味醇厚回苦,润滑爽口,汤色橙黄,清澈艳丽,叶底匀亮,边缘朱红或起红点,中央叶肉黄绿色,叶脉浅黄色,耐泡在6次以上。武夷岩茶可分为岩茶与洲茶。在山者为岩茶,是上品;在麓者为洲茶,次之。从品种上分,它包括吕仙茶、洞宾茶、水仙、大红袍、武夷奇种、肉桂、白鸡冠、乌龙等,多随茶树产地、生态、形状或色香味特征取名,其中以"大红袍"最为名贵。

五、茶叶质量鉴别

1. 绿茶的质量鉴别

干看。珍眉以绿带银灰光泽为上品;珠茶以深绿且带乌黑光泽为上品;烘青以碧绿青翠为上品;炒青以绿带嫩黄为上品,发黄、发紫、暗淡为下品。

湿看。以清香为主,兼有板栗香、花香为上品;汤色青翠、碧绿且透明清澈为上品,深黄、暗浊、泛红为下品。滋味以浓醇鲜爽回味甜为上品;浓而不爽为中品;浅薄、粗涩、老青叶和其他异味为下品。叶底以明亮、细嫩、厚软、呈嫩绿色,叶背有白茸毛为上品;青暗、粗老、薄硬者为中品;红梗红叶、靛青及青茶色为下品。

2. 红茶的质量鉴别

干看。功夫红茶条索紧细、匀齐,色泽乌润,富有光泽为上品;条索粗松、匀齐度差,色泽不一,有死灰枯暗为红碎茶。外形匀齐一致、颗粒卷紧,色泽乌润或带褐红为上品;反之为下品。

湿看。功夫红茶香气馥郁,汤色红艳,香气不纯,滋味醇厚,叶底明亮为上品;有青草气味,汤色欠明,滋味苦涩,叶底花青为下品。红碎茶汤质浓、强、鲜，香气高，汤色红艳明亮，叶底色泽红艳明亮、嫩度柔软匀整为上品；汤质淡、钝、陈，汤色暗浊，香气低，叶底色泽暗杂、嫩度粗硬花杂为下品。

3. 乌龙茶的质量鉴别

干看。以沙绿乌润及青绿油润为上品；乌褐色、褐色、赤色、铁色、橘红为下品。

湿看。应有花香。汤色橙黄或金黄，清澈明亮为上品；泛青、红暗、发浊为下品。滋味以醇厚、鲜爽为上品；有苦涩味为下品。叶底以"绿叶红镶边"，即叶脉和叶缘部分呈红色，蓁部分呈绿色，绿处翠绿稍带黄，红处明亮为上品；绿处呈暗绿，红处呈暗红为下品。

4. 花茶的质量鉴别

花茶的关键是香气。以花香浓郁、鲜灵自然且持久为上品，花香尖刻为香精喷制。花茶应具备烘青绿茶的外观特征。在香气上与具体的品种花香对应，汤色发黄，滋味醇厚、柔和。

总之，尽管茶叶种类不同，但鉴别的方法基本一致。干看评外形，主要是看茶叶的匀齐程度、形状和色泽，从而判断茶叶的种类、老嫩和加工优劣。湿看识内质，即用开水冲泡茶叶之后，嗅香气、看汤色、尝滋味、看叶底，判断茶叶的老嫩、加工优劣。

第三节　几大茶类审评常识

一、审评方法

1. 绿茶的审评方法

(1) 大宗绿茶的外形审评方法。大宗绿茶一般是指除名优绿茶以外的炒青、烘青、晒青等普通绿茶，其产量较大，既有中档又有低档品质水平的茶。大宗绿茶外形审评时，取有代表性试样，用分样器或对角四分法缩分至100～160克，置于评茶盘中，摇盘、收盘后，对照实物标准样，逐项评比外形各因子。

(2) 大宗绿茶的内质审评方法。

绿毛茶。取有代表性的样茶4克，放入200毫升审评杯中(茶水比例为1∶50)冲泡5分钟，将茶汤沥入审评碗中，评比内质各因子。

精制绿茶。取有代表性样茶3克，放入150毫升审评杯中，冲泡5分钟后，沥出茶汤，评比内质各因子。

2. 黄茶、白茶、红茶的审评方法

黄茶、白茶、红茶的审评也分为毛茶审评和精制茶审评，方法同大宗绿茶。

3. 乌龙茶审评方法

将有代表性的样茶用分样器或对角四分法缩分至100～180克，置于评茶盘中，对照标准样或成交样逐项评比外形各项因子。混合试样，正确撮取5克茶样，置于100毫升审评杯中，注满沸水，刮去泡沫，加盖浸泡，待2分钟后，闻盖香。然后将茶汤沥入110毫升评茶碗中，依次审评其汤色、滋味，每只茶样反复冲泡三次，冲泡时间依次为2分钟、3分钟、5分钟，最后将杯中茶渣移入叶底盘中，检视叶底。

4. 压制茶(紧压茶)的审评方法

(1) 外形审评。紧压茶外形应对照实物标准样，评定其形状规格、色泽、松紧。其中分里茶、面茶的个体产品，如青砖茶、紧茶、饼茶、沱茶等先评整个外形的匀整度、松紧度和洒面是否光滑、包心是否外露等，再将个体打开，检视茶梗嫩度，里茶是否霉变及有无非茶类夹杂物等。不分里、面茶的成包(篓)产品，如湘尖茶、六堡茶、方包茶等，先将包内上、中、下部采集的茶样充分混匀，分取试样100克，置于评茶盘中，评比嫩度、色泽两项。六堡茶加评条索、净度两项。

（2）内质审评。将评茶盘中试样充分混匀后称取试样5克（沱茶、紧茶为4克），置于250毫升（沱茶、紧茶为200毫升）审评杯中，沸水冲泡至满，加盖浸泡10分钟（其中茯砖茶8分钟，沱茶、紧茶7分钟），沥入审评碗中，评比其香气、汤色、滋味、叶底。

5．花茶的审评方法

花茶审评除对照各省制定的花茶级型坯标准样评比条索（包括嫩度）、整碎、色泽、净度、叶底各项因子外，应侧重审评香气和滋味。

内质审评的方法：把样盘里的成品样茶充分拌匀，用"三指中心取样法"均匀抽取具有代表性的样茶3克（应拣去花瓣、花柄、花蕊、花干等），放入容量150毫升的审评杯中，用沸水冲泡，盖上杯盖，一般分两次冲泡，第一次3分钟，沥出茶汤后，先嗅杯中的香气，次看碗中的汤色，然后尝茶汤的滋味，再进行第二次冲泡，时间5分钟，评完香气、汤色、滋味后，把茶渣倒在叶底盘中检视叶底。

二、审评泡杯规格

审评杯碗为纯白瓷烧制，各杯碗的厚薄、大小和色泽要求一致。

红、绿、黄、白毛茶审评杯碗。杯高7.3厘米，外径7.5厘米，内径7.1厘米，容量200毫升。杯盖上有一小孔，与杯柄相对的杯口上缘有一呈锯齿形或月牙形的小缺口，缺口中心深0.3厘米，便于带盖把杯中的茶汤沥入评茶碗中。碗高5.8厘米，上口外径9.8厘米，内径9.4厘米，容量200毫升。

红、绿、黄、白成品茶及花茶审评杯碗。杯高6.5厘米，外径6.6厘米，内径6.2厘米，容量150毫升。杯盖上有一小孔，与杯柄相对的杯口上缘有一呈锯齿形的小缺口，缺口中心深0.3厘米。碗高5.8厘米，上口外径9.8厘米，内径9.4厘米，容量200

毫升。

乌龙茶审评杯碗。杯呈倒钟形，高 5.2 厘米，上口内径 8 厘米，底径 4.5 厘米，容量 100 毫升，带盖。碗高 5 厘米，上口内径 9 厘米，容量 110 毫升。

压制茶审评杯碗。杯高 7.9 厘米，外径 8.3 厘米，内径 7.9 厘米，容量 250 毫升。杯盖上有一小孔，与杯柄相对的杯口上缘有一呈锯齿形或月牙形的小缺口，缺口中心深 0.3 厘米。碗高 6.5 厘米，上口外径 10.7 厘米，内径 10 厘米，容量 250 毫升。

三、审评用水

评茶用水的优劣，对茶叶汤色、香气和滋味影响极大，如水质差或冲泡方法不当，会使茶叶的香味受到影响。

1. 用水选择

凡新鲜的雨水、自来水、井水和地表水等符合下列条件的均可作为审评用水。理化指标及卫生指标应符合中华人民共和国 GB 5149《生活饮用水卫生标准》的规定。水的 pH 值在 5.5～6.5 为好。水质应无色、透明、无沉淀，不得含有杂质。评茶以深井水、自然界中的矿泉水及山区流动的溪水较好。一般自来水可采用净水器过滤，去除铁锈等杂质，提高水质的纯净度。

2. 水的温度

老茶叶冲泡需要高温，冲泡时水温要达到 98℃以上，呈沸腾起泡的程度，水浸出物及芳香物才能充分体现。嫩茶叶冲泡不需要高温，冲泡时水温达到 85℃以上就可以。如用热水瓶中开过的水继续回炉煮开再冲泡，会影响茶汤滋味的新鲜度；若用未沸滚的水冲泡茶叶，则茶叶中水浸出物不能最大限度地泡出，会影响香气、滋味的准确评定。

第六章　茶叶加工管理

第一节　管理的基础

一、管理的概念

管理是指在特定的环境下，对组织内的资源进行有效的计划、组织、领导和控制，以达成既定目标的过程。

管理学是研究管理活动的基本规律和一般方法的科学，是一门综合性的交叉学科，它与经济学、政治学、心理学、数学和各种技术科学都有密切的关系。

管理工作是一项既有科学性又有艺术性的工作，既需要严谨的理论基础和组织结构，又在很多方面表现为非准确性，具有一定的灵活性。管理者以各种管理理论和工具作为基础，结合实际工作情况而有不同方式和结果。

通过对管理的学习，使管理者掌握管理学的基础知识，有效地管理企业或组织；学习管理能使工作人员了解组织的内部运作方式和领导的行为方式。

二、管理的职能

管理的职能在于引导和协调组织的人力、物力、财力和信息等资源，加以合理的组合和运用，从而达到组织的目标。

管理的对象有人力资源、财务资源、物质资源和信息资源。人力资源是指完成组织目标所需要的工作人员，财务资源是指为达到组织目标所需的资金，物质资源是指组织内有形的房产、设备、办公空间、原材料和交通工具等，信息资源是指为完成组织目标所使用的信息资料等。

管理的四项职能如下：

(1) 计划即确定目标，制定战略，以及制订分计划并协调活动。

(2) 组织即决定需要做什么、怎么做、由谁去做。

(3) 领导即指导和激励参与者，并解决冲突等。

(4) 控制即对活动进行监控，以确保活动按计划完成。

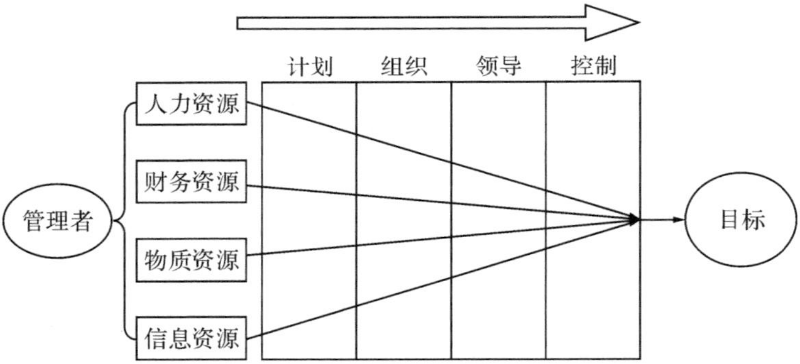

图 6-1　管理流程图

由图 6-1 可见，管理是一个动态的过程，它的本质是协调管理过程中的各种资源，解决阻碍组织目标实现的各种矛盾和问题的一系列活动。

三、管理者

管理者是指组织中指挥他人活动的人。根据组织结构层次的不同，可将管理者分为高层管理者、中层管理者、基层管理者、操作者和专业人员。

高层管理者，是组织方针、战略的制定者，工作范围比较全面且复杂，如企业中的董事长、总裁、CEO 等。

中层管理者，是企业管理目标实现的执行者，按组织制订的计划实施全部工作职能，如部门经理、主任、项目主管等。

基层管理者，根据计划执行日常的管理工作，完成某项工作职能，如业务经理、领班、监督者等。

操作者和专业人员，组织的基本组成之一，完成组织计划中的基本任务，如文员、服务员、售货员、装配工人等。

第二节　茶叶生产管理

生产管理(Production Management)，又称生产控制，是对企业生产系统的设置和运行的各项管理工作的总称。其内容包括：

(1) 生产组织工作。选择厂址，布置工厂，组织生产线，实行劳动定额和劳动组织，设置生产管理系统等。

(2) 生产计划工作。编制生产计划、生产技术准备计划和生产作业计划等。

(3) 生产控制工作。控制生产进度、生产库存、生产质量和生产成本等。

我国的茶园及茶厂管理以小农户合作组织为主，经营管理比较分散，农户之间没有一套完整的质量管理体系。2007 年，国家认证认可监督管理委员会发布的《良好农业规范认证实施规则》“附录 4 农业生产经营者组织质量管理体系”，对以小农户合作组织为特征的农业生产经营者建立质量管理体系提出了具体的规定。

GAP(Good Aquaculture Practices)，即“良好农业规范”，是一套针对农产品生产的操作标准，是提高农产品生产基地质量安全管理水平的有效手段和工具。GAP 关注农产品的种植、采收、清洗包装、贮藏和运输过程中有害物质和有害生物的控制及其保障能力，保障农产品质量安全，同时还关注生态环境、动物福利、职业健康等方面的保障能力。GAP 认证是国际通行的从生产源头加强农产品和食品质量安全控制的有效措施，是确保农产品和食品质量安全工作的前提保障。

2008 年 2 月，国家质量监督检验检疫总局发布了 GB/T 20014.12—2008《良好农业规范 第 12 部分：茶叶控制点与符合性规范》。本节的内容是根据这个标准规范进行的详细阐述。

一、茶园管理

茶叶的安全不仅关系到消费者的身体健康和生命安全，而且还直接或间接影响茶叶生产企业及相关行业的健康发展。因此，茶产品的安全是茶叶生产、加工、服务等行业的首要要求。茶园管理是茶叶生产的源头，直接影响茶叶生产、加工的品质、产量及安全。

1. 茶园管理的特点

中国已经有上千年的茶树栽培历史，唐代陆羽《茶经》中，关于茶树的栽培管理就有这样的记载："凡艺而不实，植而罕茂，法如种瓜，三岁可采"。

我国大部分茶园是以农户承包方式为组织，小农模式仍然是中国茶产业的主体，茶叶生产和管理以一家一户为模式，户均茶园面积不到 2 亩，全国茶叶加工企业 6 万余家。因此，茶园规模较小，专业化、集约化程度低，经营管理比较粗放，投入少，单产较低等，是我国茶园管理和生产的一大特点。

茶园是一个经过人工改造的自然生态系统，人们的生产管理影响茶园中的生物、土壤等自然生态状况。因此，茶园管理还必须注意对生态平衡、生态效益的影响。此外，茶园作为自然生态系统的一部分，茶园管理受自然气候等因素的影响，具有不稳定性、开放性和抗自然灾害能力弱等特点。

茶园管理具有明显的季节性。在自然环境条件下，茶树的生长、发育具有明显的季节性，新梢的生长在某一时期集中发育，因此，鲜叶的采收也具有明显的时间性，茶园管理要根据茶树生长的季节性特点，制订生产计划、组织劳动力等。

茶树是多年生的经济作物，农户种植茶树后，可多年受益。茶园管理应从长远利益考虑，不能片面以提高当年产量为目的，过度采摘，从而影响来年的产量。

不同年龄段的茶园，茶树的营养需求、新梢生长情况都不同，因此，茶园管理应根据茶树的年龄、衰老状态等，实施不同的管理计划。例如，幼年茶园要注意留养和树冠的培育，衰老茶园要注意更新改造。

2. 茶园的基础管理

根据 GAP 中的规定，茶园的基础管理包括以下内容和要求。

(1) 可追溯体系的建立与管理程序。茶叶生产可追溯体系的建立与管理内容包括：

①建立茶场产地环境档案，在初始检测评价基础上定期评价变化状况；

②绘制茶场地块分布图；

③编制每一地块年度生产计划表；

④分地块记录全部农事活动日志；

⑤分地块采摘鲜叶，按照地块编号堆放、装车运输；

⑥按批次加工并记录加工全过程，毛茶能够追溯到茶园地块；

⑦毛茶运送到精加工厂后，按批次堆放、编号、拼配应追踪到毛茶加工厂；

⑧建立出厂批号；

⑨按产品批号储存、销售、运输、销售产品。

茶厂应建立有效运转的追溯管理体系，追溯体系包含了从茶园到加工厂、消费者的整个茶叶流通体系。具体可见图 6－2。

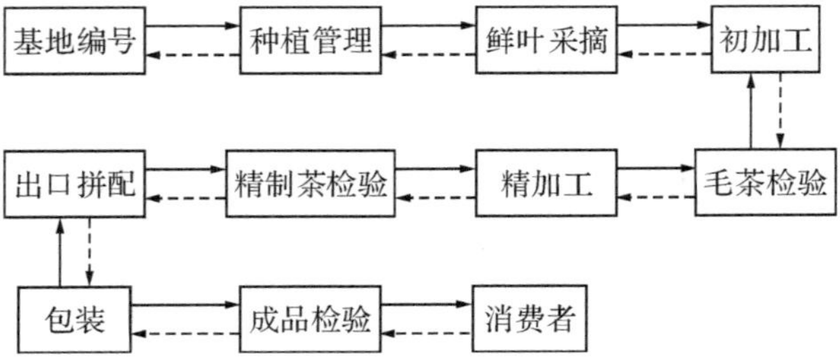

图 6－2　茶叶生产追溯图

(2) 记录及其保存管理程序。茶园管理者要对生产活动及检测等相关活动做记录,并妥善保存。

记录的内容包括:

①茶苗采购记录(票据及检疫证明);

②地块农事活动日志;

③肥料、农药、设备器械采购、出入库记录;

④肥料、植保产品施用及灌溉记录;

⑤鲜叶采摘记录;

⑥员工培训记录;

⑦有害生物控制和清洁卫生检查记录;

⑧产地环境、产品质量检测报告;

⑨认证机构检查报告等。

(3) 成员注册与管理程序。良好农业规范能够对小农户组织或其他农民合作社等茶叶生产经营者的组织团体实施有效管理,规范的主要内容有合同、注册和处罚规则等。

①合同。规范要求成员要与组织签订书面合同,核心条款包括遵守 GAP 中规定的承诺,同意遵守组织制订的方针、规定和技术性要求,以及处罚规则等。

②注册。对组织内成员的信息实行注册制度,如茶园地块的具体位置、面积、茶树品种等进行详细的等级注册。

③处罚规则。对组织内成员制订处罚规则,成员违反具体规

定后的告诫、暂停、撤销成员资格的条件和程序等。

(4) 内部审核与管理。单个茶叶企业或者茶叶合作组织每年应至少进行一次对照良好农业规范标准的现场检查,合作组织的内部检查要覆盖到所有成员。

(5) 认证标志的使用和管理。茶叶企业或组织应明确和控制 GAP 标志的使用。

(6) 产品召回程序。明确产品在何种情况下需要召回,并确定产品召回的负责人,以及如何通知客户、处理库存的方法。

(7) 投诉和抱怨处理程序。明确对于客户投诉和抱怨的反应机制,以及针对事件的原因分析、处置方法,记录客户对处置的反馈等情况。

(8) 员工健康安全和福利。评估茶树种植、茶园管理和加工过程中危及员工健康安全的风险,制订健康安全方针,设立健康安全设施及事故报告处理措施。

定期举办员工培训,包括茶树种植、茶叶加工、茶叶卫生操作等知识技术培训。

(9) 有害生物控制程序。有害生物是指除茶园中的病虫草害之外的有害生物,如老鼠、苍蝇、鸟类等。要明确在茶叶仓库、员工食堂、宿舍等处有害生物的危害控制方法,以及这些控制方法对人和牲畜的危害。

(10) 茶叶副产品的利用。茶树种植过程中的副产品,如修剪枝、茶果等,茶叶加工过程中产生的副产品,如茶梗、茶末等,这些副产品应作为资源有效地利用,而不能造成对环境的污染。

同时,对茶园种植和加工过程中形成的污染物以及生活垃圾等要进行鉴别、收集和处理。

(11) 环境和野生动物的保护。制定茶园周边的生态环境和野生动物的保护措施,并且利用茶园空地等种植其他作物,优化茶园的生物多样性。

(12) 机械设备管理。茶叶生产过程中的机械设备,如茶园修剪机、耕作机、茶叶加工机械、装运和贮存的设备等，应规定对这些设备的使用、维修和卫生情况的管理和记录。

3. 新辟茶园的开发和管理

(1) 新茶园开辟的环境评估。新茶园开辟的环境评估内容主要包括以下几点。

①土地性质是否符合国家法律法规要求，是否为国家保护的原生林或次生林，新茶园开发要求不破坏生态系统，保护当地的生物多样性；

②土地的历史状况；

③土壤类型是否适宜茶树生长；

④地形、地貌是否适宜开辟新茶园；

⑤水质的评估等。

(2) 茶树品种的选择和引种。茶园引种时，应选择具有良好抗逆性、优质高产，能适应当地气候、环境条件，并能达到适制茶类要求的优良品种。

茶苗引种时应从正规的苗木供应单位采购，并选择健壮、无病菌的苗木。茶苗采购时，除了考虑茶苗的价格外，必须注意茶树品种的纯正性，茶苗一旦种下去后，再改种换种就会增加不必要的劳力和成本支出。

就地繁殖指利用当地的茶树品种进行扦插繁殖时，应注意母树的培养和插穗苗圃的管理。

4. 茶园的肥料管理

茶园管理应熟知茶园肥料的各种特性，根据茶园的需肥特点，采用适宜、有效的施肥方法。施肥时，还应考虑降雨、茶园地势、茶园的生长期等因素，以茶树对肥料养分的有效利用为目的，应注意降低肥料的淋失及对周围环境的污染。

畜禽粪便等有机肥要经过堆制腐熟、无害化处理后才能为茶园所用，肥料来源立足于本地循环。

商品化有机肥、叶面肥、生物肥、化肥等从正规厂家购买，并要保留购货凭证、检验报告等资料。不得施用城市垃圾、工厂废水、废渣以及未经处理的污水等。

如果在茶园贮存或暂存肥料，应当设置专门的仓库保存，设防护栏，要求距离河道、地表水至少25米以上。

5. 茶园的病虫害治理

茶叶中的农药残留问题是影响茶叶质量安全的主要原因，也是我国茶园管理和生产中长期存在的问题。“茶与健康”是21世纪人们茶叶消费最关注的话题。茶叶的农药残留问题不仅影响消费者的身体健康，也是影响茶叶生产、销售和贸易的瓶颈之一。

由于农药残留超标等情况，导致我国茶叶出口屡屡遭到阻碍，出口竞争力受影响。近几年来，欧盟、日本等国家利用技术性贸易壁垒(TBT)，不断提高对我国茶叶卫生质量的要求，茶叶农药残留的检验项目和指标也越来越严格。只有从源头上控制农药的使用，才能使我国的茶叶走向更健康的道路。

茶厂或地方茶叶主管部门应科学地指导茶农合理使用农药，控制茶叶中的农药残留。茶园中严禁使用国家禁止使用的农药，具体见相关部门公布的茶树允许使用的农药目录。

面积较大的茶园，应配备专门的植保员，负责对茶园病虫害的监测，以及指导农药的使用和管理，并建立相关档案。

(1) 茶园中的病虫害。茶园中的病虫害是导致茶园产量及茶叶品质受损害的主要原因之一。

目前，我国茶园中的病虫害种类繁多，受害部位有新梢、茎秆、根部等。据统计，我国茶树明确的害虫有814种，病害138种，其中常见的害虫有40多种，病害30多种。

病虫害中，虫害的影响比较严重。根据害虫吸食性不同，茶园中的害虫分为吸汁害虫和食叶害虫等。吸汁害虫有假眼小绿叶蝉、黑刺粉虱、蚧类、螨类、茶蚜虫等，这类害虫体型小，以吸取茶芽及嫩叶中的汁液为食，茶叶受害后，芽叶萎缩，叶片发生色变，生长受限，茶叶品质及产量受影响。食叶害虫有茶尺蠖、茶毛虫、茶刺蛾、茶蓑蛾、茶丽纹象甲等，它们以嚼食茶树的芽叶为主，使受害茶园减产。

茶园中的病害主要有茶白星病、茶饼病、茶炭疽病等。

(2) 茶树病虫害的防治方法及原则。茶树的病虫害防治方法有物理、化学和生物等防治方法。

①化学防治。化学防治方法是最直接、最快速的防治茶园病虫害的方法，是目前我国茶树病虫害防治中的主要方法。但是，长期使用会导致害虫产生抗药性、环境污染、农药残留等问题。

近年来，联苯菊酯(天王星)等品种杀虫谱广，杀虫效力高，并可兼治害螨。

昆虫生长调节剂类农药，通过引起昆虫生理上的变化，使其无法生存或生育，这种农药对环境和天敌安全，适合在综合治理中与生物防治协调应用。如抑制昆虫脱皮的扑虱灵(优乐得)、除虫脲(敌灭灵)等。

②农业防治。农业防治是指利用栽培技术防治病虫害的方法。通过栽培管理措施，促进茶树的生长，提高抗病虫能力，破坏病虫害的藏匿场所，控制病虫的数量及扩散速度。

农业防治的措施主要有选用抗病虫的茶树良种、合理种植、中耕除草、深翻培土、合理施肥、注意排水、修剪和清园等。

茶树修剪措施对病虫害的防治，可以在春茶或秋茶结束后进行，通过修剪恢复树势，促进茶树生长。枝梢或茎秆受害的茶树通过修剪，可以去除受害枝条、茎秆，修剪后的枝条应及时清理出茶园。另外，郁闭的茶园中通过修剪一些徒长枝，改善茶丛的通透性，可以起到防止黑刺粉虱等虫害发生。

茶园耕作是茶园管理中的一项重要工作，通过耕作不仅可以改良土壤，增强肥力，还能减少病虫害。秋冬深翻耕作，可以使在表土层中越冬的茶尺蠖、刺蛾等害虫的蛹、幼虫等破坏致死。另外，通过耕作除草，减少了杂食性害虫如假眼小绿叶蝉等害虫的藏匿和取食场所，进而减轻病虫害。

③生物防治。茶园的生物防治是通过调节生态系统中的生物，改变茶园的生态环境，营造利于茶树害虫的天敌生长和繁殖的生态环境，使天敌的数量增多，进而控制病虫的数量。例如，可以通过"以虫治虫"、"以鸟治虫"、"以菌治虫"等方法控制害虫。生物防治方法不会污染环境，而且能持久作用于茶园，有效地控制害虫种群。

④物理防治。物理防治是指利用物理因子、人工或机械防治害虫的方法。

现今，在我国茶园中应用比较多的有频振式杀虫灯、色板诱杀等方法。频振式杀虫灯是利用害虫的趋光性，将害虫诱杀。如茶园害虫中的茶毛虫、茶尺蠖、茶细蛾等都可以采用灯光诱杀技术。

色板诱杀是利用害虫对颜色的趋向性，如黄板等。板上涂抹具有黏性的药剂，药剂中混合对害虫有吸引力的化学提取物。这种化学提取物可以是茶叶芽叶中提取的物质，也可以是害虫的性外激素。性外激素能诱杀茶园中某一害虫的雄虫或雌虫，破坏雌雄之间的正常交配，从而达到控制下一代虫口数量的效果。

茶园中的病虫害防治是一项综合的防治工作，需要以农业和物理防治为基础，化学和生物防治相结合，最终达到控制茶园病虫害。

(3) 农药的使用与管理。施用人员必须受过专门的训练，并掌握茶园农药的相关知识；在采用化学农药防治病虫害时，正确选择合适的农药品种，是非常重要的关键控制点；使用农药时，施用人员必须按照标签或使用说明规定的条件和方法，用合适的器械施药；农药的储存必须按照要求存放，确保施用设备符合安全和保养标准；农药的用量和时间按规定要求施用；工作人员要对农药的使用量、时间及地块保持详细的记录。

(4) 农药的安全间隔期。农药的安全间隔期(Pesticide Safe-

ty Interval)是指最后一次施药到收获农作物前的时期,即自喷药到残留量降到允许残留量所需的时间。如茶园中使用的农药,由于成分的不同,其降解、消失的速度不同,以及茶树生长势和环境的影响,农药的安全间隔期也不同。

农药使用过后,茶园未过安全间隔期时,严禁进行采摘。如果在间隔期内采摘,制成的茶叶农药残留将严重超标。因此,必须安排好农药施用和鲜叶采收的时间,做好安全间隔期的管理。

(5) 农药最高残留限量。农药最高残留限量(简称 MRLs),是指食品、农产品或动物饲料中含有可以允许的合法农药残留最大浓度(单位一般为毫克/千克)。

我国的茶叶行业标准中,如农业部颁布的《有机茶》(NY 5196—2002)、《绿色食品 茶叶》(NY/T 288—2002)、《无公害食品茶叶》(NY 5244—2004)中对茶叶中的农药残留及限量提出了一定的要求。

6. 茶叶采摘和鲜叶运输

鲜叶的采摘、暂存和运输过程要求符合卫生管理的规定。具体要求如下。

(1) 采茶工的要求。采茶工个人卫生要求和培训,对参加培训的人员进行记录,并现场进行检查。采茶工存放鲜茶叶的容器中不能放入个人物品,如食物、药物、衣物等。

(2) 采茶器具和环境的要求。采茶工具、器具、运输设备保持清洁卫生,并定期清理、晾干;采茶前应仔细检查器具是否清洁。采茶区域附近根据情况应设置固定或移动的卫生间,并配置洗手设备,卫生状态要求良好。

(3) 采茶的技术要求。茶叶采摘的方法有手采、剪采、机采等。采摘时,还应考虑茶树的新梢情况、茶树叶层厚度等因素,采用正确的采摘手法。机采的茶园,采茶工必须先进行采茶机安全使用的培训,之后才能上岗。

(4) 采摘计划与记录。根据当年的气候情况、采茶工的配置、植保产品的使用情况等因素，制订详细的茶叶采摘计划，内容包括开采期、采摘周期、采摘标准等，以满足鲜叶质量和茶树健康生长的要求。茶叶采摘计划以保证鲜叶的质量和数量并能够满足工艺要求为目的，做到适时采摘。茶叶采收的同时，必须做好采摘地块、采摘时间、采工人数、采摘量、茶树品种等内容的记录。

(5) 鲜叶的运输。从茶园到加工厂，距离较远的时候，鲜叶需要先进行暂存和运输，其间要避免日晒雨淋和挤压，鲜叶存放要有足够的空间和空气流通，以免鲜叶发生机械损伤、红变等情况。

采摘下的鲜叶应及时付制加工，当天的鲜叶最好当天加工，堆放时间不宜超过 8 小时，鲜叶存放不得在田间过夜。

鲜叶的称量工具每年至少校准一次，并做好书面记录。

二、茶叶加工车间管理

茶叶的加工生产管理，是茶叶从鲜叶到加工成品的过程，是茶叶生产管理中的关键。茶厂的加工生产管理包括加工厂及车间的环境及卫生管理、加工人员的管理、加工操作手册、质量控制和保证贮运等方面。

1. 茶叶加工车间的环境及卫生管理

茶叶加工车间的环境条件的好坏，生产车间卫生管理是否到位是影响茶叶卫生的重要因素，也是茶叶加工生产中首先要做的管理工作。

(1) 茶叶加工车间的选址及环境。茶叶加工车间的位置应选择在地势高、空气清新、水源清洁，距离居住区较远，无污染，交通方便，且位于其他工厂及潜在污染源全年主导风向的上风处。加工车间应离开经常喷洒农药的农田 100 米以上，离开交通主干道 20 米以上。

茶叶生产厂区内，严禁兼营、生产或存放可能影响茶叶卫生的其他产品。例如，在茶厂附近严禁养殖猪羊等。

(2) 车间内环境要求。茶叶加工车间内，应有满足产品批量生产要求的车间和场地，车间和场地要建筑结构牢固，空气流通、采光明亮，而且有防尘、防潮、防蚊蝇等设施。厂房内部建设时，必须要有良好的排水设施，处理厂区内的设备清理废水、生活污水，茶叶加工及生活垃圾。茶叶加工车间内尽量不要堆放与茶叶加工无关的其他物品，防止其他外来杂物混入茶叶中。

茶叶加工车间内的地面、设备应保持整洁、卫生，定期清洗或消毒。

(3) 卫生设施的管理。加工车间及包装车间附近有清洁、消毒的卫生设施，并且贴有显著的告示告知工人回到工作区之前必须洗手。

厂区内，应分别设置人流通道和物流通道，人流通道入口处设置更衣室。更衣室应配备与工作人员人数相应的储存柜、工作服、衣帽等设施。

(4) 茶叶加工设备的卫生管理。直接与茶叶接触的加工、储存设备必须定期清洁，并且不能使用消毒剂清洁这些设备，避免机械润滑剂等化学物污染茶叶。

在茶叶加工、包装和储存区域使用的灯泡必须加上防爆或防护罩，以免爆裂影响工作人员安全，以及碎屑对茶叶的污染。

2. 茶叶加工的操作手册

茶叶加工的操作手册，即茶叶加工的技术规程。茶厂应制订符合茶叶加工实际的加工流程、工艺参数的操作手册，手册内容应简洁明了，并配以图表，便于工作人员操作时对照，对关键工序或参数应着重标明。

我国茶叶加工方法根据茶类的不同而差异较大，某一类茶对加工的各个方面都有严格的技术要求和规程。特别是我国的名优茶生产，加工技术人员还是“看茶做茶”为主，但是为了达到品质的稳定性，必须有一套标准的加工技术规程。

操作手册应明确关键工序的使用机械、温度、投叶量、时间、加工方式等，确保加工的茶叶质量，并保证在一定时间内生产的茶叶达到一定的标准化。

3. 茶叶包装和贮运管理

茶叶包装是茶叶销售到消费者手上的最后一道加工程序，包装的卫生安全及科学性以及包装的细节之处都会影响消费者对茶叶的购买。

(1) 茶叶包装。茶叶产品的包装材料，必须是食品级包装材料(符合 GB 11680—1989 标准的要求)，无异味，不受杀菌剂、防腐剂、杀虫剂等化学物品的污染，不允许使用聚氯乙烯、聚苯乙烯材料包装茶叶。茶叶包装应避免使用非必要的包装材料，尽量不要过度包装。

茶叶包装上除了要标明产品名称、生产日期、净重、产地以外，还要标明茶叶达到的标准体系的标志，如 QS、有机茶等认证标志；销售包装及外包装上还应标明生产批号，进入超市等销售市场，还应印刷产品条码。

(2) 贮运管理。运输茶叶半成品或成品茶的工具必须清洁卫生、干燥、无异味。严禁与有毒、有害、易污染的物品混装、混运。

成品茶装运前，必须对茶叶的质量进行检查，在运输过程中必须注意防雨、防潮、防晒，并且尽量不要加压，以免茶叶压碎。

三、茶叶的生产计划

1. 长期生产计划

不同于一年生的作物，茶树是多年生的经济作物，经济学年龄长达 25～30 年，茶叶进入衰老期后，如果进行更新改造，还可以复壮树势，生产期就更长。

为了保障茶厂长期的经济利益和短期利益的相互协调，必须确定长期经营的目标，制订长期的生产计划。如新茶园的开发计划、茶园的基本建设、低产衰老茶园的改造计划及生产茶园的规划等。

2. 年度生产计划

根据茶厂的长期计划制订一年一度的生产活动计划，参照近几年茶厂的生产情况，制订各项计划指标。由于茶叶生产每年的气候情况不一样，具有不稳定性，制订年度计划时，应以上年实际执行的生产记录，制订本年度的生产计划，并保持一定的弹性。

年度计划中可以包括以下内容。

（1）耕地及种植计划。新茶园的开发，老茶园的改造，以及茶园的基本设施建设等，这些生产与长期计划相协调，纳入年度计划之中，但不是每年必须执行的计划。

计划年度内，应对新植茶树的种植面积、品种、种苗数量、来源等制订出详细的计划，根据计划安排人力、物力，种植时间应与生产期错开。

（2）投入产出计划。茶厂的投入产出计划是年度计划的重要部分，制订计划期内的投入资料、成本和措施，以及预期达到的效果，并根据上年同期的实际产出水平，制订鲜叶原料产出的数量和质量的计划指标。

（3）茶园管理的年度计划。茶园的管理年度计划根据地理位置的不同，可分地块进行编制。详细调查不同地块的基本情况，并结合历年的田间调查数据、技术及人力资源情况和措施等资料，制订有针对性的茶园管理计划。

年度计划包括综合计划和单项计划。综合计划内容包括某一地块的修剪、灌溉、除草、病虫害防治、施肥和采摘等农艺措施的实施时间和情况，并制订这一地块要求达到的鲜叶产量和质量的指标。

单项计划包括某一项茶园管理措施的年度计划，如茶园施肥的年度计划中，详细记录实施计划的地块、面积及茶树品种，以及计划施用的肥料的种类、施肥时间、平均每亩的施肥量以及总量、施肥方法等。

3. 阶段作业计划

根据制订的年度计划的内容，按茶叶生产的季节性及茶类加工生产的特点，制订阶段作业计划，作为某阶段茶厂的生产经营活动的指导依据。

我国茶叶产区分布广泛，茶树的生长活跃期也各不相同，大部分茶区的生产还是以春季、夏季、秋季三个茶季为主。

春茶阶段，新梢的生育比较集中，茶叶采收和加工具有明显的“洪峰期”，需要组织劳动力资源较多，且加工生产环节紧张，协调较困难。春茶阶段在三个茶季中，是占全年产量和产值最大的茶季，因此，要做好采收前后的修剪、肥料等管理，提高茶叶的产量和质量。

夏茶阶段，由于气温高，新梢生育速度快，新梢粗老的速度快，需要及时采收。另外，夏茶最重要的管理工作是茶园病虫害和草害的防治，以及由于高温引起的干旱，还要做好水分管理工作。

秋茶阶段，生产绿茶的产区秋茶阶段生产量较少，生产乌龙茶等福建、广东产区，秋茶也占了很重要的比重，需要制订详细的肥料和采收、加工计划。

越冬阶段是茶园基础管理中重要的环节，要做好防治病虫害、茶园基肥的施用、茶树修剪等计划，有寒冻害的茶区，还要制订防寒防冻的工作计划。

第三节　茶厂的人力资源管理

一、人力资源管理的概念

人力资源管理（简称 HRM），是指对人力资源进行有效开发、合理配置、充分利用和科学管理的制度、程序和方法的总和。人力资源管理的内容包括：人力资源的预测与规划、人员的甄选录用、人力资源的合理配置和使用，以及员工的培训、积极性的调动等。

现代企业的管理应“以人为本”，企业只有满足了员工的各种需求（工作环境、薪酬、尊重等），才能使员工的工作效率、创造力得到很大的提升，才能为企业发展作出更多的贡献。

美国著名的管理学大师加里·德斯勒的《人力资源管理》中，描述了人力资源管理工作的主要内容和职责包括以下十条。

（1）把合适的人配置到适当的工作岗位上；

（2）引导新雇员进入组织，熟悉环境；

（3）培训新雇员适应新的工作岗位；

（4）提高每位新雇员的工作绩效；

（5）争取实现创造性的合作，建立和谐的工作关系；

（6）解释公司政策和工作程序；

（7）控制劳动力成本；

（8）开发每位雇员的工作技能；

（9）创造并维持部门内雇员的士气；

（10）保护雇员的健康，并改善工作的物质环境。

员工的工作态度体现在离职率、出勤率、工作满意度上。只有不断地提高员工的士气，才能充分发挥人的积极性和创造性，发挥员工的潜力，为企业的发展作出更大的贡献，使企业更快速地发展。

二、茶叶生产人力资源管理的特点

茶叶生产加工具有明显的季节性，而且集中生产的时间短，导致了人力资源的流动性也较大。因此如何做好人力资源的管理是茶厂能否正常生产的前提条件。

1. 采茶工的人力资源管理

采茶工的流动性较大,波动性强。在茶叶生产高峰期,采茶工的管理如果不善,会导致大批茶叶不能及时采摘,影响茶叶产量和质量。

(1) 采茶工的培训。茶厂应重视对采茶工的培训,定期组织学习企业的规章制度,学习采摘技术等。因此,茶厂应设置专业的采摘技术管理人员,负责管理茶叶采摘、运输等,指导采茶工在一定采摘期内的采摘标准和质量要求。

(2) 采茶工的激励机制。制订采茶工的合理竞争机制,刺激他们的竞争意识和危机意识,激发工作的潜力,提高采摘质量和效率。定期举办采茶能手比赛等活动,成绩优异者给予一定的物质奖励,也可以安排获奖者管理一组采茶工,为其他工人提供学习的榜样。

(3) 奖惩机制。对于采茶效率高、鲜叶质量好、工作表现好的采茶工通报表扬,并给予一定的物质奖励。对于采摘鲜叶质量差、效率低、表现差的采茶工,根据程度的轻重,给予警告、记过或罚款等惩罚措施。通过严格的奖惩措施对采茶工起到激励或警戒的作用,促进茶园管理和茶叶质量的整体提高。

(4) 关怀机制。采茶工除了就近聘用外,大部分茶厂的采茶工为外地劳务人员,茶厂需要提供食宿等后勤保障;除此之外,还应保护员工的安全和健康。雨天或茶园不采茶时,应给予采茶工一定的假期,使采茶工能利用这段时间做好休整。对于因工受伤的采茶工,茶厂应给予医疗补助,并妥善安置,茶厂还应提前做好工伤的预防措施。

2. 加工车间的人力资源管理

加工车间内的人力资源管理,主要是对加工人员健康、卫生的管理,以及技术管理。

(1) 加工人员的健康管理。茶叶加工和包装人员应经常保持个人卫生,并持有卫生生产许可要求的《健康证》上岗。上岗前,必须经过茶叶加工技术和食品卫生知识的培训。加工人员应每年至少进行一次健康检查,如有影响食品卫生的疾病患者,则不得从事茶叶生产,康复后方可重新上岗。

(2) 加工人员的卫生管理。加工人员必须注意个人卫生,不得将茶叶加工无关的物品带入车间,尽量不要佩戴首饰、手表等。进入工作场所后,加工人员严禁有携带食品、吸烟、吐痰等对茶叶加工造成污染的行为。

进入车间时,加工人员应穿戴整洁卫生的工作服、帽子及鞋子(或鞋套),并在加工前洗手消毒。工作服和鞋、帽不得穿戴出车间,由茶厂统一定期进行清洗、消毒。

加工车间内,严禁加工人员外的人员进入,如果是参观者,需要穿戴工作服、鞋套等进场参观。

(3) 加工人员的技术管理。现代茶厂机械化程度高,茶叶加工人员数量越来越少,对加工人员的技术要求也越来越高。因此,生产茶叶的数量和品质能否达到要求,很大程度上受加工人员的技术和管理的影响。茶叶加工人员必须经过培训才能正式上岗,可由茶厂内部的技术指导员或有经验的师傅进行指导,并经过考核合格后才能独立上岗操作。

加工技术人员应严格按照茶厂内部制订的技术规程加工茶叶,并且各个工序之间分工明确,衔接合理。

第四节　茶叶质量管理

一、质量管理的概念

质量是产品或服务的一系列固有特性满足要求的程度。产品质量是企业生存的根本,企业只有满足了顾客的需求,生产出质量可靠的产品，才能在市场上立足。

质量管理是以质量体系为基础，确定质量方针、目标和职责，并在质量体系中通过质量策划、质量控制、质量保证和质量改进，并使其实施的全部管理职能的所有活动。

质量管理的原则：以顾客为中心，全员参与，运用基于事实的决策方法，持续改进。

全面质量管理（简称 TQC 或 TQM）是指一个组织以质量为中心，以全员参与为基础，目的在于通过让顾客满意和本组织所有成员及社会受益而达到长期成功的管理途径。

全面质量管理中，管理者通过向工作人员授权，决定与工作有关的事项，使产品质量、生产效率和工作人员的责任感增强。

二、茶叶的质量体系及标准

1. 质量管理体系

ISO 9000 质量管理体系是目前全球最为普遍采用的质量管理体系与管理标准。它是通过第三方认证来确保企业提供的产品和服务质量的合格性。

国际标准化组织（ISO）1987 年 3 月发布了质量管理和质量保证标准，即 1987 版的 ISO 9000 系列标准。

ISO 9000 标准的管理思想是以为顾客提供指南和要求为重点，强调管理者的职责，以建立和完善文件化的质量体系为目标，所有的工作通过过程控制来完成。

企业推行 ISO 9000 的益处是提高企业的生产力，减少生产过程中的浪费；增强企业管理的科学化、规范化、制度化，提高工作效率；提高企业的形象和知名度，并满足顾客对企业的认证要求；有利于员工质量意识的提高，成为企业持续改进的重要推动力。

2. 我国的茶叶标准及规范

我国现行的茶叶标准包括产品标准、检验方法标准、茶叶包装等方面。

根据销售途径的不同，主要分出口茶标准和国内标准。国内商品茶标准分国家标准（GB）、行业标准（NY）、地方标准（DB）和企业标准（QB）四级。

（1）国家标准及行业标准。国家标准是指由国家标准化主管机构批准发布，在全国范围内统一的技术要求，由国务院标准化行政主管部门编制计划，协调项目分工，组织制定（含修订），统一审批、编号、发布。国家标准的年限一般为 5 年。国家标准分为强制性国标（GB）和推荐性国标（GB/T）。

①良好农业规范（GAP）。良好农业规范（简称 GAP），是一套主要针对初级农产品生产的操作规范，强化农业生产经营管理行为，实现对种植、养殖全过程控制，从源头上控制农产品质量安全（见图 6－3）。

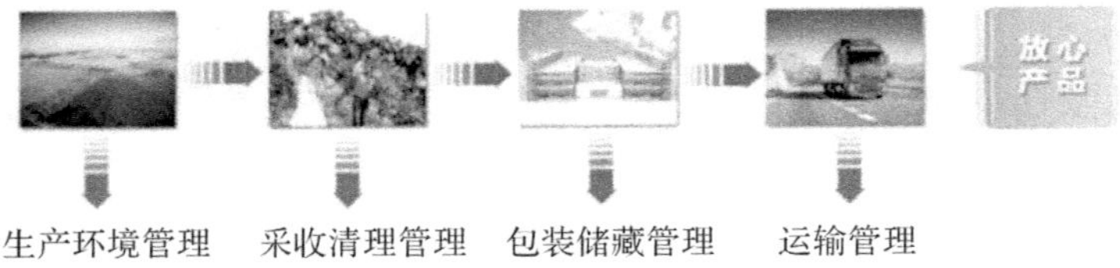

图 6－3　良好农业规范流程图

GAP 通过规范种植/养殖、采收、清洗、包装、贮藏和运输过程管理，鼓励减少农用化学品和药品的使用，实现保障初级农产品的质量安全、可持续发展、环境保护、员工健康安全以及动物福利等目标。

GAP 认证的对象有两种：一是农业生产经营者（农产品生产企业等）；二是农业生产经营者组织（农业专业合作社、协会等）。

我国于 2008 年 4 月 1 日开始实施 GB/T 20014.12《良好农业规范 第 12 部分：茶叶控制点与符合性规范》。

②地理标志产品——茶。地理标志产品，是指产自特定地域，所具有的质量、声誉或其他特性本质上取决于该产地的自然

因素和人文因素，经审核批准以地理名称进行命名的产品。它包括两方面的要求：一是来自本地区的种植、养殖产品；二是原材料全部来自本地区或部分来自其他地区，并在本地区按照特定工艺生产和加工的产品。如 2008 年 12 月 1 日开始实施的 GB/T 19460—2008《地理标志产品 黄山毛峰茶》，规定了黄山毛峰茶的地理标志产品的保护范围、术语与定义、分级与实物标准样、要求、试验方法、检验规则及标志、标签、包装等。

我国现在已施行地理标志产品的名优茶有洞庭(山)碧螺春、黄山毛峰茶、太平猴魁茶、武夷岩茶、信阳毛尖茶、龙井茶、普洱茶、安吉白茶、蒙山茶等(见图 6-4)。

图 6-4　GI 中国地理标志

图 6-5　无公害农产品标志

③无公害茶叶。无公害农产品指产地环境、生产过程和产品质量符合国家有关标准和规范的要求，经认证合格获得认证证书并允许使用无公害农产品标志的未经加工或者初加工的食用农产品。无公害农产品标志见图 6-5。无公害农产品认证采取产地认定与产品认证相结合的模式，申请无公害农产品认证的产品其产地必须首先获得各级农业行政主管部门的产地认定，产品认证阶段由认证机构(即农产品质量安全中心)具体负责组织实施。

我国的无公害茶叶生产、加工标准体系是由农业部提出，中国农业科学院茶叶研究所等部门起草，包括 NY 5244—2004《无公害食品茶叶》、NY 5020—2001《无公害食品 茶叶产地环境条件》、NY/T 5019—2001《无公害食品 茶叶加工技术规程》等。

④绿色食品茶(Green food Tea)。绿色食品是指遵循可持续

发展原则，按照特定生产方式生产，经专门机构认定，许可使用绿色食品标志(见图 6－6)，无污染的安全、优质、营养类食品。无污染、安全、优质、营养是绿色食品的特征。无污染是指在绿色食品生产、加工过程中，通过严密监测、控制，防范农药残留、放射性物质、重金属、有害细菌等对食品生产各个环节的污染，以确保绿色食品产品的洁净。绿色食品的优质特性不仅包括产品的外表包装水平高，而且还包括内在质量水准高。产品的内在质量又包括两方面：一是内在品质优良；二是营养价值和卫生安全指标高。

图 6－6　绿色食品标志

为确保绿色食品茶叶的质量，由中国绿色食品发展中心提出，中国农业科学院茶叶研究所起草的 NY/T 288—2002《绿色食品　茶叶》于 2002 年 3 月 1 日开始实施。标准中规定了绿色食品茶叶的术语及定义、要求、试验方法、检验规则、标志、标签、包装、贮藏和运输要求。

⑤有机茶(Organic Tea)。根据《有机产品》国家标准(GB/T 19630)的定义，有机产品是指生产、加工、销售过程符合该标准的供人类消费、动物食用的产品。《有机产品》国家标准对有机农业的定义是：遵照一定的农业生产原则，在生产中不采用基因工程获得的生物及其产物，不使用化学合成的农药、化肥、生长调节剂、饲料添加剂等物质，遵循自然规律和生态学原理，协调种植业和养殖业的平衡，采用一系列可持续发展的农业技术以维持持续稳定的农业生产体系的一种农业生产方式。有机农业关注的不仅是产品，而是整个生产体系的综合效益。

⑥有机产品的标志。中国有机产品认证标志分为中国有机产品认证标志和中国有机转换产品认证标志，如图 6－7。中华人民共和国农业部于 2002 年 9 月 1 日开始实施 NY 5196—2002《有机茶》、NY 5197—2002《有机茶生产技术规程》、NY 5198—

2002《有机茶加工技术规程》、NY 5199—2002《有机茶产地环境条件》系列有机茶标准。

图 6－7　绿色食品标志

（2）地方标准。地方标准又称为区域标准，由省、自治区、直辖市标准化行政主管部门制定，并报国务院标准化行政主管部门和国务院有关行政主管部门备案，地方标准应遵循国家标准和行业标准。我国茶叶产区广，茶叶种类丰富，各个产茶省针对地区产品的特征和要求制定了不同的地方标准。例如，浙江省 2009 年 4 月 7 日发布的 DB 33/T 739—2009《地理标志产品　松阳茶》，规定了松阳茶的地理标志产品的保护范围、自然环境、种植、加工、要求等。

（3）企业标准。企业标准是对企业范围内需要协调、统一的技术要求，管理要求和工作要求所制定的标准。企业标准由企业制定，由企业法人代表或法人代表授权的主管领导批准、发布。它是我国标准化体系中的第四层次标准，企业标准的制定应严于国家或行业标准，在企业内部适用。例如，陕西省紫阳富硒茶有限公司制定了企业标准，规定了紫阳富硒茶的质量要求、工艺流程、检验规则、包装、标志等要求。

三、茶叶质量的检验

茶厂应设立专门的茶叶质量检验部门，检验室配备基本满足茶叶产品标准所规定检验项目的仪器设备，并配备具有相应资格的检验人员。

检验人员对出厂茶叶定期检验,并做好档案记录。

茶叶检验的主要内容包括感官品质、水分、灰分、碎茶、粉末、非茶类夹杂物等常规检验项目。出口及有机茶等要求较高的产品,还需要检验农药残留、重金属含量、放射性污染、微生物等项目,这些项目茶厂无法自身检测的,可以委托具备相应资质的科研部门或实验室承担,并让其出具相应的检测报告。

四、茶叶的仓库管理

茶叶从茶园到车间,从车间到仓库,各个环节都必须严格管理,仓库管理是茶叶出厂之前的最后一道关卡,应予以重视。

1. 茶叶仓库的要求

茶叶具有强吸附性、吸水、吸异味等特点,适宜存放在干燥、密闭、避光、阴凉的空间中。因此,茶叶仓库建造的时候要注意防潮、防异味等,库内不得存放有污染、有异味、有毒有害物质或易燃物品。

(1) 防潮。茶叶仓库的位置选择要忌低洼、湿度大的地区;仓库建造时,底层应架空。另外,仓库内部茶叶堆放时,应放置衬垫板,茶叶不能直接放到地面,防止地面湿气影响茶叶;茶叶距离墙壁 30 厘米以上,距离地面 10 厘米以上。

仓库门窗的设置不宜过多,仓库内的窗户以透光窗为宜,高度在离地面 3 米左右。仓库建好后,定期检查是否有漏水等情况,如有漏水、渗水等问题应及时修补。湿度大的季节或仓库,可以考虑安装除湿机,吸收仓库内多余的水分。

(2) 防异味。仓库内严禁存放其他产品或生产物资,以免影响茶叶的气味。

(3) 防鼠、防虫。茶叶仓库内还应做好老鼠、蟑螂等动物、害虫等防治,以免对茶叶造成二次污染,影响销售。

2. 茶叶出入库及管理

茶叶入库之前，管理人员对入库的茶叶必须按照标准样进行验收，根据茶叶的外形、内质等进行审评，并记录入库茶叶的数量、包装等基本数据。

其次，茶厂应做好茶样的留存工作，每批出厂的茶叶抽取一定数量作为样品，建立样品档案，以备来年对照使用。茶样样品留存的时间不少于3年。

不同品种茶叶、半成品或成品茶应分别设置贮存库，需要冷藏的茶叶单独放置到冷藏保鲜库中。成品茶的堆放按批次进行，并悬挂清晰的标志牌，标明生产日期、原料和等级等详细信息。

茶叶入库后，长期存放的茶叶定期进行抽检，检查茶叶的含水量及基本品质是否发生变化。茶叶含水量超过9%时，需要对茶叶及时进行复火干燥；如内质发生变化或陈化，应及时做好记录，并上报。

茶叶出库时，也应做好相应的记录。出厂时，应详细记录茶叶的名称、批号、数量、生产日期、发货时间、产品去向、收货人等。